死亡沙漠

DESPERATE DESERTS

［英］阿尼塔·加纳利／原著　［英］迈克·菲利普斯／绘　陶杰／译

北京出版集团
北京少年儿童出版社

著作权合同登记号
图字:01-2009-4237

图书在版编目(CIP)数据

死亡沙漠 /（英）加纳利（Ganeri，A.）原著；（英）菲利普斯（Phillips，M.）绘；陶杰译．—2 版．—北京：北京少年儿童出版社，2010. 1（2024.10重印）
（可怕的科学・自然探秘系列）
ISBN 978-7-5301-2351-5

Ⅰ.①死…　Ⅱ.①加…　②菲…　③陶…　Ⅲ.①沙漠—少年读物　Ⅳ.①P941. 73-49

中国版本图书馆 CIP 数据核字(2009)第 181507 号

可怕的科学・自然探秘系列
死亡沙漠
SIWANG SHAMO
［英］阿尼塔・加纳利　原著
［英］迈克・菲利普斯　绘
陶　杰　译
*
北　京　出　版　集　团　出版
北京少年儿童出版社
（北京北三环中路6号）
邮政编码:100120
网　址：www．bph．com．cn
北京少年儿童出版社发行
新　华　书　店　经　销
北京同文印刷有限责任公司印刷
*
787 毫米 × 1092 毫米　16 开本　9. 75 印张　50 千字
2010 年 1 月第 2 版　2024 年10月第 53 次印刷
ISBN 978 - 7 - 5301 - 2351 - 5/N・139
定价：22. 00 元
如有印装质量问题，由本社负责调换
质量监督电话：010 - 58572171

目录

想去沙漠吗

究竟什么是地理？它的含义到底是什么？一谈到这些问题，总有一些地理老师喜欢用那些甚至连他们自己也拼写不出来的华丽辞藻，喋喋不休地大谈特谈那些从未有人听到过的遥远的陌生之地。你上过的地理课是不是也这样？

今天的课程是关于风的运动过程★。让我们从基祖库母★★开始……
又翻书页了吗？

★ 根本不是像老师说的那样玄乎，实际上就是一阵风的意思，是在沙漠上能把沙子吹成沙丘的那种风。

★★ 基祖库母是位于中亚的土库曼斯坦沙漠的一部分。明白我刚说的关于拼写的意思了吧？

老师下面还会讲些什么？
不知道，听不清★★★她说什么。

★★★ 要当心了！你也开始有点像地理老师了。你刚才说老师说话太快听不清楚这个词（gibberish），实际上这是描绘戈壁沙漠的一个词汇（gibber）。接下来你该给自己留家庭作业了。

幸运的是，并非所有的地理课都这么令人沮丧。有的地方还是能够让人感到兴奋的。比如说，沙漠。千万别听地理老师那絮絮叨叨的一套，其实，沙漠是大自然中最奇妙的景观之一。你若想体验一下沙漠的奇妙感觉，只要做一个小小的试验，就可以把你的卧室变成沙漠。

进卧室后先把灯全部开亮，然后把暖气开到最足。这时，你会感到屋子里又明亮又暖和，舒服极了，简直就像是真正的沙漠。接着，你再弄一两车沙子铺在卧室的地上，种上几棵上等的棕榈树（最好再摆上几盆你妈妈钟爱的盆栽植物）。如果还觉得意犹未尽，你不妨再挖几个沙坑，堆几个沙丘。祝贺你！终于有了属于自己的沙漠。如果大人试图干涉你，向你狂喊乱叫，你不妨微笑着告诉他们，你正在完成地理作业（或者，你也可以事先征得他们的同意）。

这本书的全部内容就是这些。

沙漠的炎热足以烤熟一只鸡蛋，足以使你干渴得发狂，另外，还有许许多多令人意想不到的难题，沙漠简直就像是烫手的山芋。在这个令人恐惧的沙漠里……

▶ 你的脑浆温度会上升到58摄氏度。

▶ 你可以看到太阳被沙尘暴遮蔽的可怕情景。

▶ 你将会知道如何从一只青蛙身上榨出水来。

▶ 你会从一流的探险家桑迪及其忠诚的伙伴——骆驼卡米拉身上学会如何在世界上最干燥的沙漠中生存。

这绝对与你上过的地理课不同，在继续阅读前要提请你注意：准备足够的饮用水，一定要把冰箱装满。去遨游奇妙的沙漠，可怕的干渴将是你的头号大敌……

远征廷巴克图

1824年，法国

这个长着一头乱蓬蓬褐色头发的小伙子简直不敢相信自己的眼睛。肯定有些什么不对劲儿。小伙子再次把报纸拿了起来。

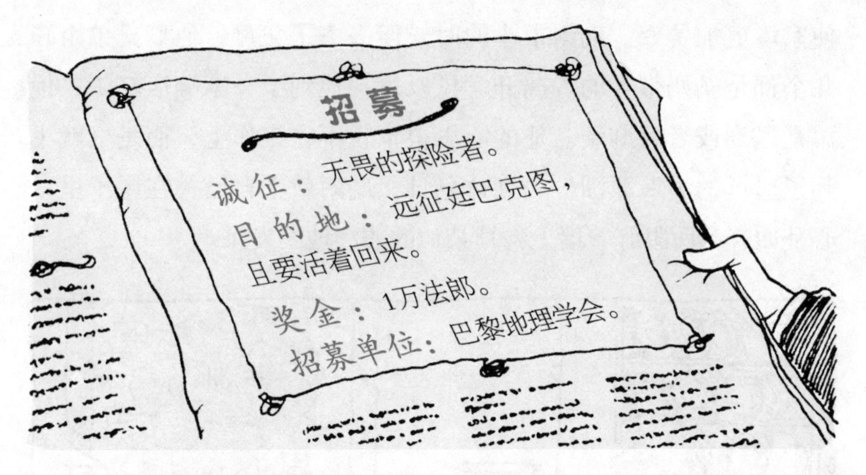
招募
诚征：无畏的探险者。
目的地：远征廷巴克图，
且要活着回来。
奖金：1万法郎。
招募单位：巴黎地理学会。

小伙子激动得浑身颤抖。

小伙子名叫瑞耐·凯利（1799—1838），长得又瘦又弱，看上去无论如何与“无畏的探险者”也挂不上钩，但他偏偏就想得

瑞耐·凯利

无畏的探险者

到这份工作。巴黎根本不算什么，瑞耐想的是能到全世界去转一转，特别是那个很特别的地方。你知道吗？打瑞耐懂事起，他就梦想着有朝一日到廷巴克图去，因为他听说那里的房子都是用金子盖的。

但是有一个小小的问题——让人动心的廷巴克图位于遥远的非洲，实际上是在非洲的撒哈拉沙漠中间，要到达那里简直就像是天方夜谭。

瑞耐出生在法国的路·罗谢尔，他的父亲是个面包师，一生嗜酒，最终死在监牢。瑞耐的出生并没有给家里带来好运，相反使家境更加贫寒。瑞耐很小的时候便失去了父母，他们兄弟姐妹几个都是奶奶带大的。离开学校以后，他到了一家鞋店打工，但总是迟到或者惹麻烦。他的心思根本就不在工作上，而是早就飞到了遥远的……非洲！一到休息日，瑞耐就把自己关在屋子里，心乱如麻，两眼盯着墙上狗耳朵似的非洲地图发呆。

他多么希望自己就在非洲啊！特别是那些神秘地标注着“沙漠”或者“无名处”的地方。一有空，瑞耐就抱着本旅游或者探险的书看，上班不迟到才怪呢。有时候，瑞耐读书读得都忘了睡觉（你可不要在家里用这个故事当借口哟）。现在，瑞耐的梦想终于有可能实现了。报纸上的广告好像就是为他做的，这个机会可千万不能错过啊。巴黎地理学会也听到了有关廷巴克图金子的传言，看准了这是一次赚钱的好机会。一定要赶在所有人的前面，时间不等人啊——瑞耐抓住了他一生中最重要的一次机会……

1827—1828年，在非洲的不同地方

1827年4月，瑞耐终于向廷巴克图进发了。实际上，在奶奶的祈祷下（奶奶说，无论做什么，只要能让他别在家胡乱折腾就行），瑞耐早在几年前就到达了非洲。他只是因为没有钱，哪里也去不了（所有的钱都花在了去非洲的路上）。瑞耐先在一家工厂找到了一份工作，并把所有的报酬都攒了起来。闲暇时，他向当地土著人学习语言，并每天锻炼着走很远的路。一切似乎都妥当了，但是还是有一个小小的麻烦。你知道吗？实际上欧洲人是不准到廷巴克图去的，除非你获得特殊批准。如果瑞耐被逮住，很可能被杀掉（当然他是不会让这种事情发生的，否则他就拿不到巴黎地理学会的奖金了。为了那笔钱，瑞耐必须详细记录下他在廷巴克图的所见所闻）。瑞耐退缩了吗？当然不会！他不仅没有放弃，而且还进行了周密的计划。他把自己装扮成当地人的模样，身着长长的袍子，头裹长长的头巾，脸部遮得严严实实，没有人能够认出他来！

总算混进去了，瑞耐在心里对自己说。其实他担心得不得了，但又不可能把心里的恐惧告诉任何人，怕伪装被人识破。瑞耐把笔记本藏在身上，一旦有人发现他在做笔记，他就可以说是在祈祷。而且一旦有人问起他那奇怪的发音，他也会解释说，他在很小的时候就被绑架到法国去了，现在，他终于回到故乡埃及了。好了，不管怎么说，这还仅仅是个开始。

1827年4月19日，瑞耐终于和5个当地人、3个奴仆、1个搬运工、1个向导以及向导的妻子一起出发了。这可真是一次艰难之旅，酷热难当。尽管瑞耐做了充分的准备，他的脚还是被磨破了。一路上他们穿过蚊虫肆虐的草丛，爬过山崖绝壁，涉过急流险滩，蹚过沼泽泥塘。

瑞耐几乎每天都要迷路三四次，有好几次差一点儿就被人发现了伪装。但是，接下来还有更糟糕的事情在等着他。进入8月，就在他们这支队伍行进了将近一半路程的时候，瑞耐由于致命的高烧而病倒。他觉得自己都快不行了。

然而，就在他逐渐恢复的时候，你猜又发生了什么？

他又被讨厌的坏血病给击倒了，嘴唇开始严重脱皮，几乎吃不了东西（注：坏血病是由于严重缺乏新鲜水果和蔬菜而导致的可怕疾病——这也是对你的警告）。幸运的是，一位善良的当地村民用淘米水和草根（听起来还不如你在学校吃得好）救了他的命。尽管还十分虚弱，但勇敢的瑞耐稍有好转，就又重新站了起来。后一半行程是靠独木舟完成的。独木舟沿着尼日尔河顺流而下，而瑞耐则始终躲在一顶席子底下，以免被人认出。

1828年4月20日，在经过了数不清的艰难险阻后，勇敢的瑞耐披着落日的余晖，终于来到了廷巴克图。梦想终于实现了！许多介绍非洲的书都提到廷巴克图，说那里遍地是黄金，屋顶都是用金子建造的，每天都有成群的骆驼队来此装运金子。可眼前的情况到底怎样呢？可怜的瑞耐好像还从来没有这样失望过（这里想说的是，千万别相信书里面的话）。在经过了酷热、沙尘暴、淘米水以及草根等各种艰难困苦的折磨后，瑞耐发现自己竟然置身于一个用泥土修建的各种破烂房子的城市中，“甚至连鸟叫的声音都听不到”（这是瑞耐自己的原话，不是我说的）。所谓金房子，其实连影子都见不到。

1828年，非洲的撒哈拉沙漠

但是我们没有时间去同情可怜的瑞耐，仅仅到达廷巴克图是不够的，要想拿到那1万法郎的奖金，他还必须活着返回巴黎！

说着容易，可实际做起来就难了。唯一一个曾经到达过廷巴克图的探险者就被他自己雇的向导残忍地杀害了。瑞耐能够活着回去给大家讲这个故事吗？现在看起来还难说。你看，鲁莽的瑞耐选择了另一条返程的路线：这条路一直向北，恰恰需要经过可怕的撒哈拉大沙漠。

这是一条欧洲人从未走过的路线，让我们拭目以待吧。

事情一开始就不顺利，瑞耐差一点儿就没有赶上公共汽车——啊不，应该说是骆驼。他曾与一个骆驼队谈好，搭他们的“顺风车”，因为他们行进的路线是一致的。但是瑞耐光顾忙着与那些新结识的廷巴克图朋友说再见了，以至于旅伴都等得不耐烦，撇下他就起程了。

瑞耐不得不狂追一通才赶上骆驼队，累得上气不接下气。幸亏一位好心人的帮忙，把他扔到了骆驼身上——还有1600多千米的路程呢……

接下来的4个月，瑞耐和他的400名旅伴以及1400多头骆驼艰难地跋涉在令人恐怖的沙漠里。灾难随时会降临到那些骑着骆驼就睡着了的人身上，如果掉队了，你就别再想追上。

尽管听起来很残酷，但规则就是规则。情况变得越来越糟糕，瑞耐从未经历过这样可怕的旅行。

日复一日，他们就这样沉重疲惫地跋涉着，眼前除了无尽的沙漠和孤独地躺在沙漠中的岩石外一无所有。耀眼的太阳像火球一样悬在空中，沙尘暴更是让人不寒而栗。他们嘴唇干裂，喉咙里就像着了火一样。这中间，骆驼队还遭到了当地土著人的袭击。那么接下来呢？那些用面粉和蜂蜜制作的食物（如果还能称得上食物的话）已经腐烂变质。对于可怜的瑞耐来说更倒霉，由于他的鼻子很大，一路上被人戏称为“骆驼脸”。但是比起那干渴得快要冒烟的喉咙来说，这些侮辱都算不了什么了。“骆驼脸”啊，抱歉，应该是瑞耐，一路上都忍受着干渴的折磨。对他来说，现在恐怕没有比水更可爱的东西了。可对整个骆驼队来说，每天每人只能分到一点点水。因为沙漠中的水井很少，通常两口井之间的距离也非常遥远，许多人都因此而脱水了。一些人疯狂地割破手指头喝自己的血，甚至还有人喝自己的尿。最终，当骆驼队发现水源时，人和骆驼都疯了一样拥向那里，瑞耐不得不与骆驼抢水喝。

当瑞耐最终步履蹒跚地到达摩洛哥的丹吉尔市，并直接来到法国领事馆门前时，他已经衣衫褴褛、精疲力竭了。他就这样子站在门口，等待着欢迎的人群。猜猜接下来发生了什么？

在历尽千辛万苦之后，瑞耐竟然被法国领事馆当成乞丐给撵到了大街上。

当可怜的瑞耐最终返回法国时，情况有了好转。他不仅像英雄一样受到热烈的欢迎，而且还得到了一枚奖章、慷慨的补助金以及巴黎地理学会的大奖，所有这些足以使瑞耐安度余生。他不想再去探险，而是安顿下来并且结了婚。从此以后瑞耐就幸福了吗？不见得。你看，不是每个人都相信他的故事，甚至有人说他是为了钱而杜撰了一个故事，毕竟他无法有力地证明他确实曾到过廷巴克图，因为大家都是听他说的。可是，除了瑞耐，你认为还有谁能够说出事情的真相？

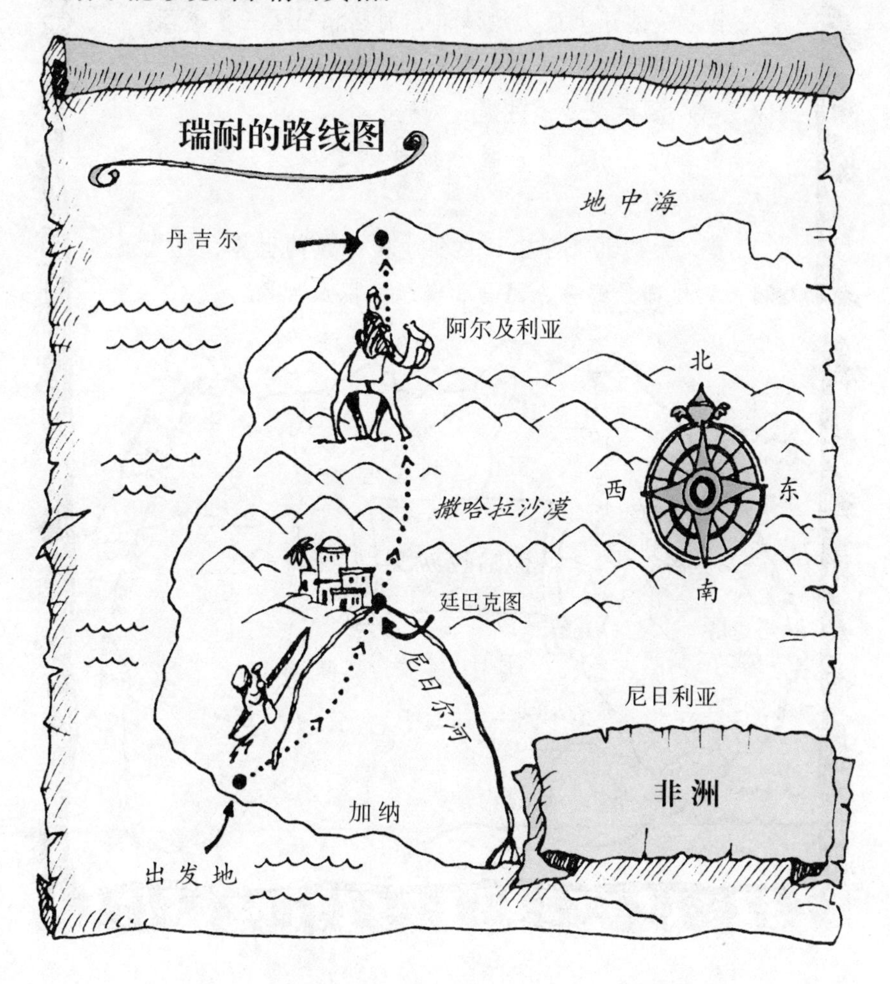

沙漠情报

沙漠名称：撒哈拉沙漠

地理位置：非洲北部

沙漠面积：900万平方千米

沙漠温度：白天最高45摄氏度，夜里最低零下7摄氏度

年降雨量：少于100毫米

沙漠类型：高气压沙漠（见第24页）

相关资料：

▶ 是地球上最大的沙漠，面积相当于一个美国。

▶ 在阿拉伯语中，撒哈拉就是沙漠的意思。所以你没有必要去说沙漠沙漠，对吗？

▶ 大约有1/5的撒哈拉被沙子覆盖，其余为岩石、鹅卵石和盐。

▶ 大约6000年前，这里也是绿色的世界，空气湿润，到处都是鳄鱼、河马、长颈鹿以及大象。

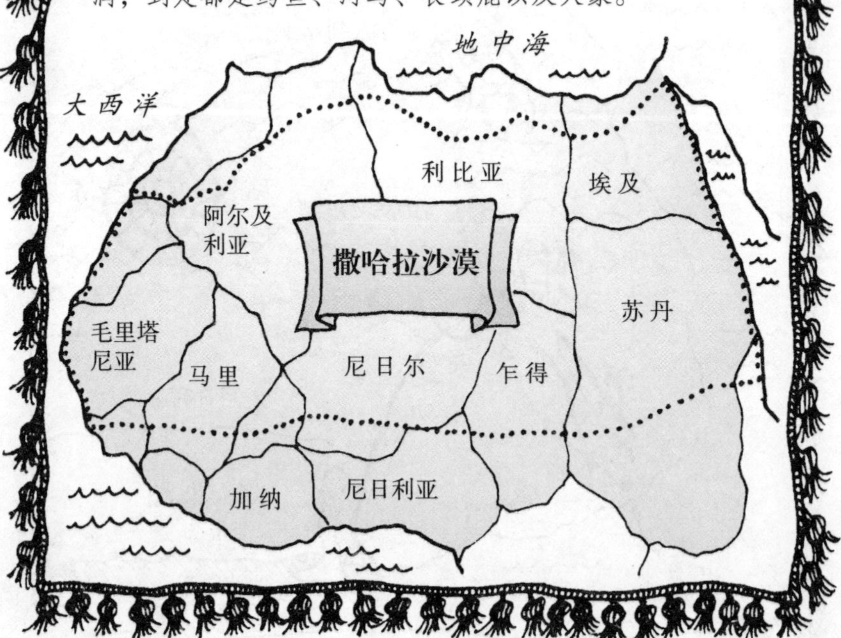

我是桑迪。如果你也想追随瑞耐的足迹去冒一把险的话，我可是一个不错的伙伴哟。许多地理学家到沙漠探险都是有去无回，像瑞耐那样能够活着回来是非常幸运的。你能忍受酷热吗？嗯？在登上骆驼向沙漠进发前，你最好先了解一下有关在沙漠生存的诀窍（当然，如果有我和卡米拉做伴，那就没什么可担心的了）。因为你可能不知道，这或许就决定了你的命运。

像木乃伊一样干燥

你生活的周围可能没有什么沙漠，但是世界各地却有大量既让人恐惧也让人着迷的沙漠。实际上，地球表面的1/3是沙漠，而且它的面积还在不断扩大。那么究竟什么是沙漠？究竟是谁给地球上这些沙漠起了那些形形色色的名字？讨厌的地理学家们争论不休，有些人把责任归咎到古罗马人身上……

“沙漠”一词来自拉丁语，意思是荒芜或废弃的地方。

有些人则埋怨古埃及人……

“沙漠”一词是从埃及语演变来的，意思是——猜猜看？荒芜和废弃的地方。

失望吗？不管是谁最先想出来的，沙漠这个词就这样用起来了（感谢上帝，当时没有用“废弃的地方”这个词汇，真是太英明了）。但是居住在意大利中部的古罗马人为什么会发明“沙漠”这个词，至今令人费解（那里当时并没有沙漠）。反过来说，埃及人可以说是沙漠专家。他们了解关于沙漠的一切。正如人们知道的那样，他们就居住在地球上最大的沙漠——撒哈拉。但这也并非是说他们经常光临那里，因为在他们的意识里，沙漠到处都是恶魔，除非是疯了，否则没人会去那里。他们认为去那里的唯一结果就是成为恶魔的盘中餐。

究竟什么是死亡沙漠

告诫：在下面这一章节里，你必须充分发挥想象力。好吧，现在就开始。想象一下，在一个微风习习的日子里，你独自在海滩上散步（用手指把耳朵堵起来，这样就听不见大海的声音了）。当时正值仲夏，暑气蒸腾，周围没有其他人。你的皮肤开始被灼伤，嘴唇干裂并充满咸味，焦渴得什么也吞咽不下去。这时突然刮起了大风，狂风夹杂着沙子向你迎面扑来。面临着被渴死的威胁，你一无所助。眼前除了沙子还是沙子，没有水，没有帐篷，更没有冰激凌。绝望了吧？欢迎到沙漠来！

炎热和干燥

你可以用两种比较逼真的方式尝试一下在沙漠里的感觉（如果你还没有制造出一个沙漠的话）。一般地说，沙漠通常是这样的：

1. 烧烤的感觉

白天，沙漠的温度可高达50摄氏度以上。躲到阴凉里去呀！（你试试看，在沙漠里能否找到阴凉处。哪怕是一棵树，一丛灌木，或者是一个阴凉的洞穴。）地表温度高得可以煎鸡蛋，也足以把你的脚指头烤熟！有记载以来，撒哈拉沙漠的最高温度曾经达到过82摄氏度。你只要想象一下夏天最热时候的感觉，再把它加热一倍，就知道是什么滋味了。感觉如何？一到夜里，就完全是另一个样子了，温度可急剧降到0摄氏度以下。沙漠的冬天就更糟糕了。如果你打算冬天到戈壁滩去走一走，最好把自己从头到脚都裹起来，否则零下21摄氏度的低温会使你牙齿打架。仔细想想吧，没准儿待在家里会更好。

2. 像木乃伊一样干燥

如果你去沙漠，用不着带伞（带去也行，它只能是一把遮阳伞）。你千万别指望那里会下雨，这就是为什么沙漠如此可怕的原因。讨厌的地理学家们通常把沙漠归于年降雨量低于250毫米的地区。你用这些水在家里洗个澡还差不多。可以想象一下，如果要把这些水漫洒到整个沙漠……现在这些地理学家们又有了新的概念（他们的花样总是层出不穷），他们又创造出一个新名词，叫做干旱指数。

这实际上是用专业术语解释干燥，但是干旱指数听起来印象不深，对吗？很显然，地理学家们在玩文字游戏。他们仍然坚持用毫米降雨量的计算方法。胆小鬼！

现在让我们来看看干旱指数是怎样应用的。（注意：关于干旱指数的实验有两种方法。一种是地理学家用高科技设备取得的；一种是你在家里做的实验。）

看看沙漠是如何的干燥——方法1

地理学家这样做实验：

a) 使用量雨器、雷达以及卫星等高科技设备，测量沙漠上每年的降雨量。

b) 使用更先进的设备，测量被太阳蒸发掉的水量。

c) 用b）除以a）。

看看沙漠是如何的干燥——方法2

如果你不能到沙漠去做这项实验，没关系，在家里也行。

按如下操作：

a) 先数一下你家冰箱里有几瓶汽水，答案是两瓶。

b) 再数数你周围的朋友中有几个想喝汽水的，答案是8个。

c) 现在用你的朋友数除以汽水瓶数，就可以得出干旱指数4!（8 ÷ 2=4）

祝贺你！你的家已经成为半沙漠了。数数你的幸运星吧，没有生活在烈日灼人的撒哈拉是一件多么幸运的事啊。简直难以想象，撒哈拉的干旱指数竟然达到200！这意味着它每年的降雨量只有蒸发量的1/200。真的像木乃伊一样干燥。说了这么多的数学问题真是够烦的，喝一瓶汽水作为奖励吧。

死亡沙漠的气候

雨云（原文指能够下雨的云彩——译者注）？哪儿没有雨云？你还别说，死亡沙漠就没有。想知道沙漠为什么如此干燥吗？原因就在这里。沙漠上空没有能够下雨的云彩。沙子、岩石肯定是有，棕榈树也可能有，当然还有骆驼，但是下雨的云彩几乎就没有。所以这里把雨云看得如此重要也就不足为怪了。想知道为什么吗？首先你得了解雨云形成的过程：

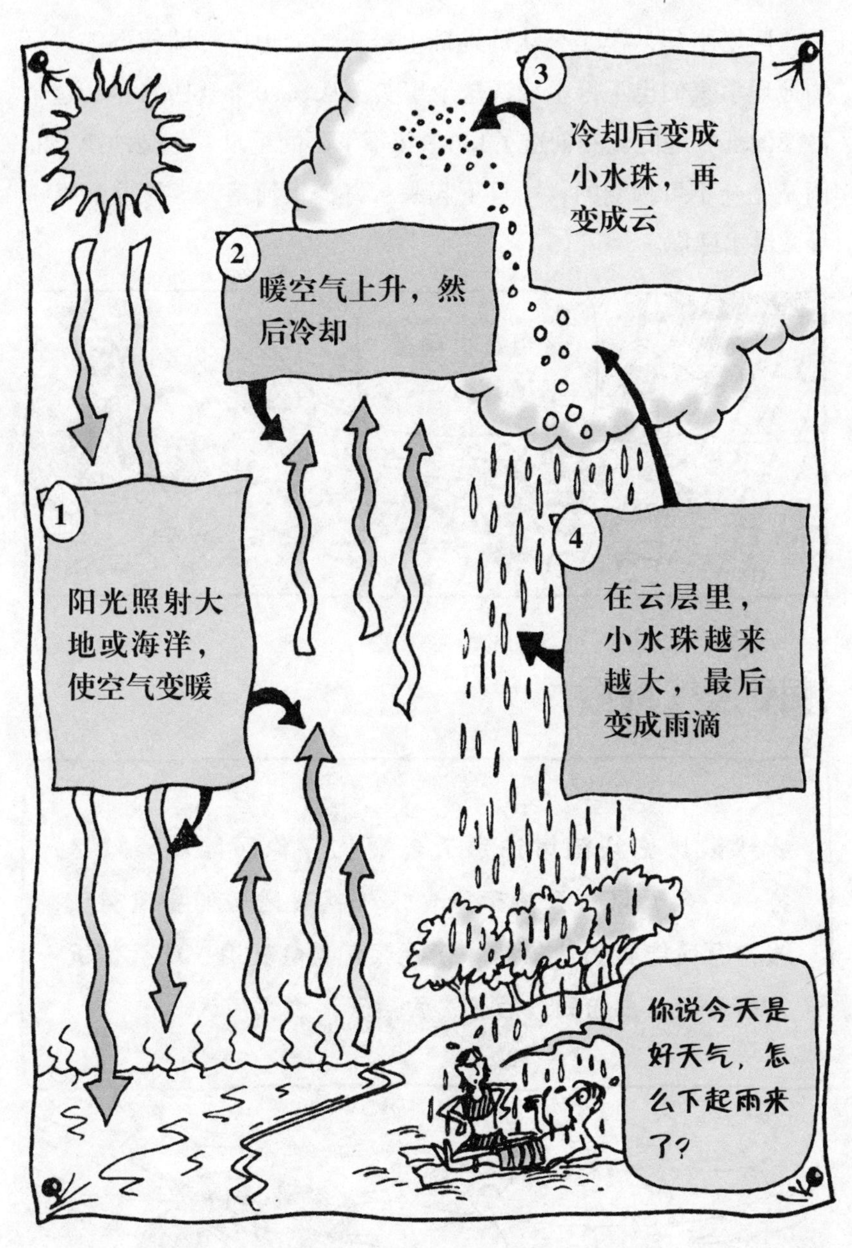

那你为什么不把雨云弄到沙漠上去呢？问题是沙漠上空的热空气没机会冷却，因为温度太高，所以都蒸发了，几乎就不可能变成水珠。但这并不是说沙漠地区就从来不降雨——我们就从打破过历史纪录的阿塔卡玛沙漠说起吧。

阿塔卡玛沙漠是公认的地球上最干燥的地区，即使那些讨厌的地理学家们也不得不承认这个事实。从1570年至1971年，这个沙漠的部分地区竟然创造了400多年不下雨的纪录。但是沙漠上的雨是完全不可预测的，一旦下起来，好似银河落天，倾盆而降，导致洪水肆虐。

沙漠天气预报

在沙漠里必须随时注意天气变化，你可能更喜欢这样……今天早上炎热干燥，下午将有风，如果风势较强，有可能转为沙尘暴，傍晚天气将会转凉。明天情况将与今天基本相同，后天，大后天，大大后天……

沙漠上的风一旦刮起来就不得了，简直势不可当。它们能在地面上卷起一股股旋风，形成沙尘暴。

沙尘暴不是停在原地刮，而是能从撒哈拉一直刮到几百千米乃至上千千米以外，甚至能刮到美国。然后伴着雨、雪降落，把它们染成一片亮红。是不是有点不可思议？！那些沙尘足以把人们的鼻孔填满，特别是撒哈拉这个地球上沙尘最多的沙漠，每年搅起的沙尘足有200万吨之多！

沙漠究竟是怎样形成的

就像地理老师们一样，可怕的沙漠也是形形色色各不相同。但它们有一点却是共同的：到处都是沙尘，到处都笼罩在干燥的气氛里（这倒有点像地理老师们）。

所有的雨似乎都与沙漠无缘，总是绕着走开。沙漠到底是怎样形成的呢？仔细研究一下桑迪的最新指南，你就会发现4种不同的沙漠类型。

A

沙漠名称：高气压沙漠

地理位置：赤道两侧

干旱指数：非常高

形成过程：

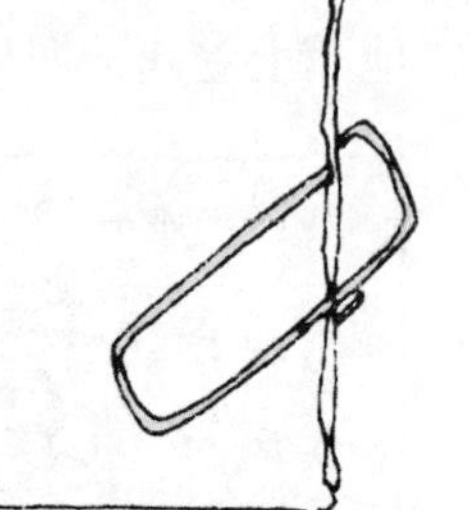

热空气在赤道上空盘旋，然后分别向南北方向流动、冷却，然后降雨。这样怎么就能产生沙漠呢？问得好。气象学家（研究气候的地理学家）把这一现象称为高气压，因为下沉的空气一直冲到地表，使地表被压力所笼罩。明白了吗？高气压带来了晴朗的天空和日照，听起来沙漠的气候还是不错的嘛。

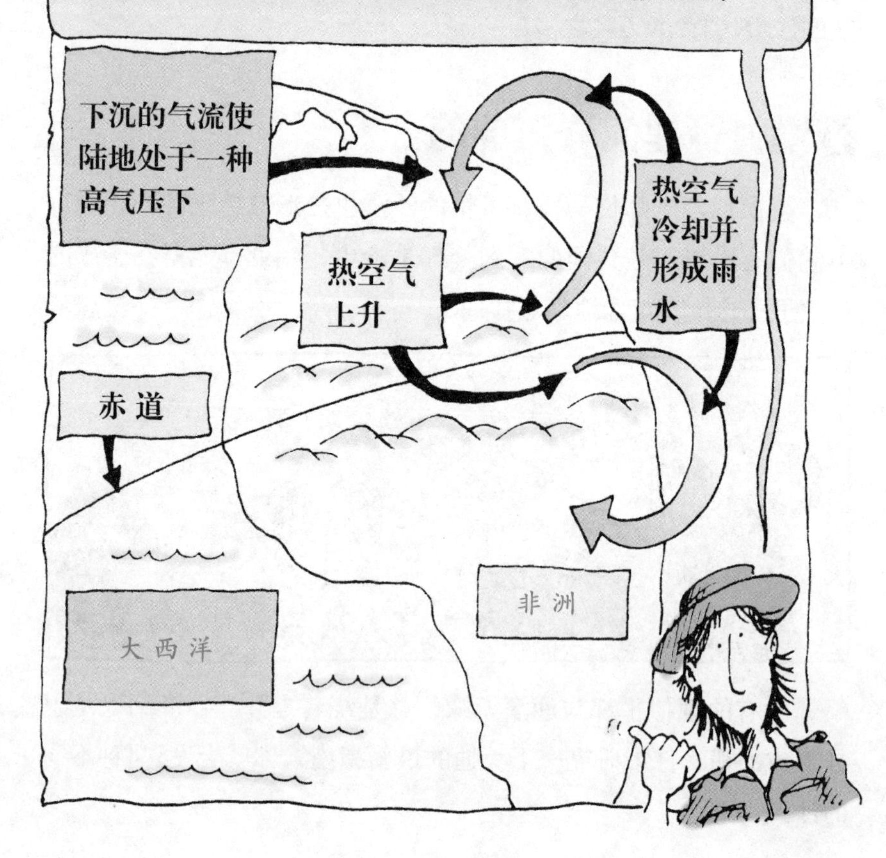

B

沙漠名称：雨影区沙漠

地理位置：一些山脉的背面

干旱指数：非常高

形成过程：

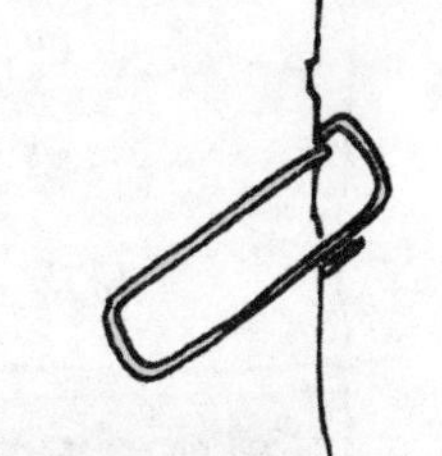

这种情况通常发生在山脉的迎风处，当气流上升抵达山顶时，开始冷却成小水珠，然后又形成了雨云，把所有的雨水都倾泻到了那里。但是，当气流到达了山的另一侧，同一座山的两侧竟然可以是两种不同的风景：一边是大漠无边，另一边则是树木葱茏。真是令人不可思议。

Ⓒ 沙漠名称：内陆沙漠

地理位置：在大陆与大陆之间

干燥指数：非常高

形成过程：

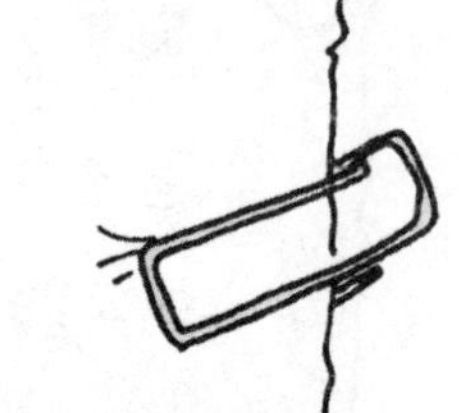

一般情况下，从海面上刮过来的风都带有大量潮湿的空气，很容易形成雨云。但是那些内陆沙漠距离海实在是太遥远了，根本没有降雨的机会。即使那些潮湿的空气吹向内陆沙漠，但经过千山万水的旅程，云和雨早已化为乌有。

D 沙漠名称：海岸沙漠

地理位置：一些国家的西海岸

干燥指数：非常高

形成过程：

冷气流在风的作用下远离海岸，把冷却的空气吹到内陆，而海岸本身的气候却由此变得更加干燥，难以形成雨云。但是在你的骆驼身上绑上几盏雾灯，早上起来，底部还是凉的，即使在太阳底下它也不会变热。而且它把上部的空气也冷却了，使空气冷凝（变成液态水），形成一层厚厚的湿冷的雾。这肯定是你在沙漠里最想找到的东西。
气流向内陆流动
雾
海
沙漠
冷气流

地球上的十大沙漠

从下一页的简易地图上你将会看到地球上最大的10个沙漠，你没准儿还能自己找出它们的种类。

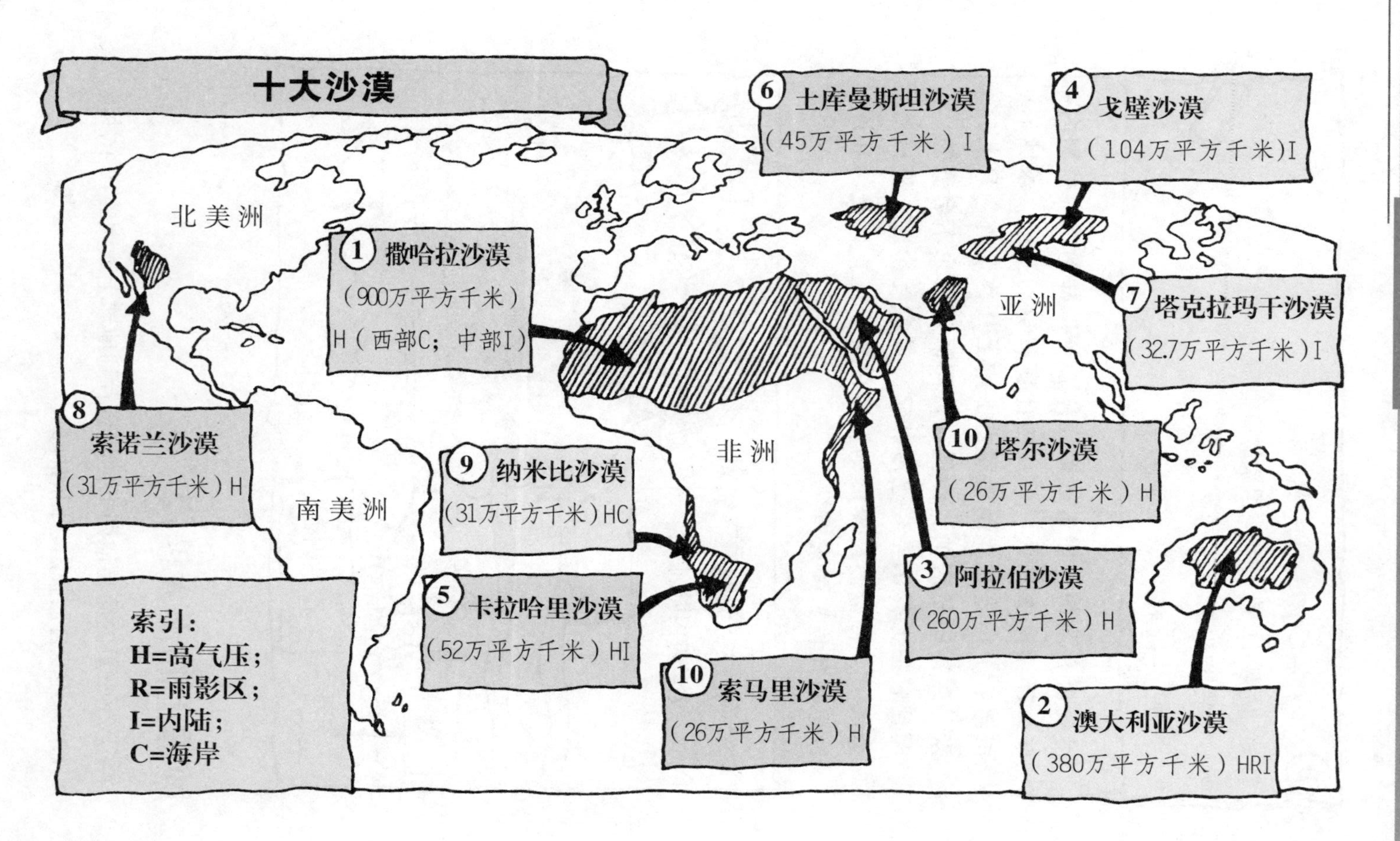
十大沙漠
北美洲
南美洲
非洲
亚洲
1 撒哈拉沙漠
（900万平方千米）
H（西部C；中部I）
2 澳大利亚沙漠
（380万平方千米）HRI
3 阿拉伯沙漠
（260万平方千米）H
4 戈壁沙漠
（104万平方千米）I
5 卡拉哈里沙漠
（52万平方千米）HI
6 土库曼斯坦沙漠
（45万平方千米）I
7 塔克拉玛干沙漠
（32.7万平方千米）I
8 索诺兰沙漠
（31万平方千米）H
9 纳米比沙漠
（31万平方千米）HC
10 塔尔沙漠
（26万平方千米）H
10 索马里沙漠
（26万平方千米）H
索引：
H=高气压；
R=雨影区；
I=内陆；
C=海岸

你肯定不知道！

相信吗？冰天雪地的南极洲实际上也是一个沙漠。真的，不骗你！或许那里没有什么沙丘，也没有什么骆驼，但是那里确实干燥得如同一具木乃伊。你知道吗？南极洲平均每年的降雨（降雪）量只有微不足道的50毫米，而且这点雨（雪）刚落地就冻住了，在一些地方甚至一冻就是200多万年。

只为一口水

在令人恐惧的沙漠里，你会碰到各种各样难以忍受的事，如酷热、沙尘以及大雾等，能走进沙漠就是一个奇迹，更不用说活着走出来了。在沙漠里要想生存就必须有足够的坚强和毅力，就如同下面这个真实、可怕的故事一样……

1905年8月，美国索诺兰沙漠

黎明打破了沙漠的寂静，又一个酷暑炎热的日子开始了。科学家威廉姆·J.迈克吉躺在地上，仍然沉浸在梦乡里。一只蜥蜴在他的腿上懒散地溜达着，不远处，一只饿狼在嗷嗷地嚎着。

威廉姆轻轻地翻了一个身，接着又睡着了。他已经在沙漠里待了3个月，专门研究沙漠的气候和野生动物。与那些曾经见过的致命的野生动物相比较，蜥蜴对他来说简直就是一只温柔的小猫。另外，威廉姆正在做一个奇怪的梦，梦里一大群巨大的牛向他狂奔而来，越跑越近，四蹄飞奔时卷起的尘土就像一团乌云。突然间，其中一头牛伸出一只撕裂了的耳朵冲着他叫了起来。

这次，威廉姆终于醒了，他是被梦境吓醒的。“是什么……在哪儿……谁的……我的妈呀！”他自言自语地嘟囔着，迷迷糊糊地四下里看了看，顺手拿起了枪。

当然，哪里有什么牛呀！威廉姆马上明白了他听到的是什么。这不是梦里的声音，好像是某个人在附近发出的求救声。这下威廉姆可真是完全清醒了。他爬到近处的悬崖边上，看到了可怕的一幕：一个男人躺在地上，全身仅剩下皮包着骨头，似乎只有一口气。时间不等人，若再不给他水喝，估计他就没命了。威廉姆往这个人身上洒了点水，又给他喂了一小口威士忌酒（特殊时期要有特殊的措施）。

过了一会儿，这个人慢慢地、痛苦地翕动着干裂的嘴唇，开始讲述他自己的故事——

“我叫帕伯罗·瓦伦西亚，”他大口地喘气，“我跟朋友到沙漠来寻找金子。我们听说这里有一个老金矿，想弄点金子回去。我们知道夏天到这里来不合适，但又一想，管他呢，来了再说。可是，因为一点小事，我们吵翻了。我的朋友把马匹和所有有用的东西都带走了，只给我留了一小桶水。真是进退两难。当时我真绝望了。我想回到先前那个水坑那儿，我知道它离我不远，可这里实在是太热了，头都被热昏了，竟然找不到回去的路。

“第一天晚上，我就把水喝光了。那可真是太可怕了，简直要把人渴死，我都不知道该如何向您描述当时的情景，就像在忍受着酷刑一样。我试着嚼些小树枝，甚至还吃过蜘蛛和苍蝇。结果我病倒了。夜里，一些秃鹫不停地在我的头顶上空盘旋，等着我咽气。眼看着我就要在这里等死了，也不知道过了多长时间，突然感到什么也听不见了，眼前一片模糊，嘴既不能说话也不能吞咽，全身几乎都不能动。我不能就这样倒下，我必须爬起来，可是只向前爬了一会儿就再也动不了了。我默默地祈祷着，躺在那儿等死。然后就是您听见了我的尖叫，这是我能够喊出的最后一口气了。”

帕伯罗幸运地死里逃生。自从迷失在沙漠里，他度过了7个可怕的日日夜夜。如果不是威廉姆发现了他，他就渴死了。实际上，要想完全复原尚需时日。但是你知道帕伯罗究竟是如何度过这么多天没有水的日子的吗？你认为他是靠喝什么维持了生命？难道是……

答案

是B。他不是第一个喝自己尿的人。像其他许多到过沙漠旅行的人一样，在最后实在忍无可忍的情况下，他只有喝自己的尿解渴。有人还喝过骆驼尿或血（自己的血或骆驼的血），甚至有人还喝过汽油。不过千万不要在家里进行这些尝试呀。

和老师开个玩笑

如果你上课实在渴得不行，但离午饭还有1个小时，你不妨用一点古希腊语逗逗你的老师。举手对老师说：

对不起，老师，我能请一下假吗？我感到有一点Eudipsic（该词为古希腊语）。

他肯定会张口结舌，你就可以乘机溜走。但实际你说的是什么呢？

答案

Eudipsic实际上就是you-dip-sick，这是一个专业词汇，意思是渴了；如果你想一本正经地炫耀，你不妨用hyperdipsic这个词，实际上就是high-per-dip-sick，意思是非常渴；你还可以试一试polydipsic（polly-dip-sick），意思是渴极了，喝什么都行。（甚至骆驼尿？）

健康提示

在令人恐怖的沙漠里，人人都可能被渴死。理论上说，如果没有水，你可能两天都活不过去。首先，你大量地出汗就失掉了许多水分，你会感到虚弱，皮肤也变得干燥起褶；接下来，你就会感到燥热和烦乱，血液也开始变得黏稠，使心脏的负担加重；很快，你就会因精神错乱而导致死亡。太可怕了。在沙漠里要想活着，即使你一点也不觉得口渴，每天最少也需要饮用9升水（相当于27听能打嗝的那种汽水）。但千万注意，一定要小口啜饮，不能大口吞饮，否则不仅浪费水，而且还容易得病。怎么知道你脱水了？最简单的方法是查看一下尿的颜色。通常情况下尿的颜色都有点黄，但是如果颜色加深，那就说明你有麻烦了。赶紧喝点什么吧。

还有其他什么更可怕的吗？反正该警告的都警告你了，如果你真下决心去沙漠旅行的话，千万要记住，能带多少水就带多少水，因为你永远不知道什么时候会遇到下一口水井或水坑。除此以外，你还要携带足够的食物，以防不测。这就是关于像木乃伊一样干燥的沙漠的一切。

移动的沙子

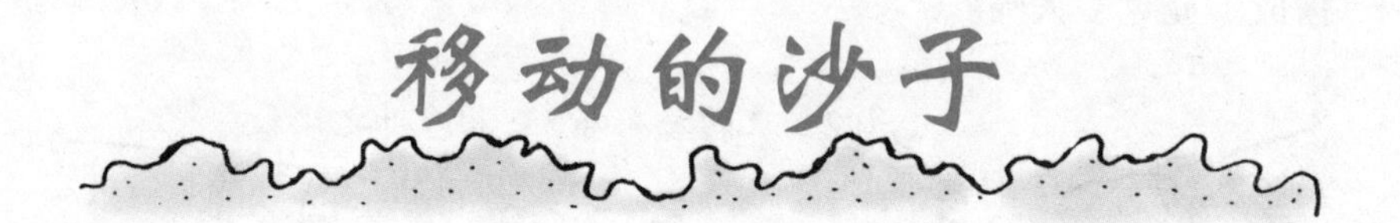

迄今为止，你从书里知道的所有沙漠都是充满了炙热的沙子和四处可见的棕榈树以及骆驼。这和你想象中的差不多吧？但实际上沙漠并非都是如此。真实的情况是，只有1/4的沙漠全都是沙子，而大多数沙漠都是由表面覆盖着鹅卵石以及沙砾石的岩石旷野组成，少数沙漠的中间还有山丘（这些大多是火山爆发留下的，但是别担心，这都是几百万年前的事了）。但是如果你喜欢沙子……

关于沙子的7种说法

1. 除非你时间富裕，否则千万别向讨厌的地理学家提任何简单的问题。以“究竟什么是沙子”为例，地理学家会一遍一遍地给你讲 aeolian（ay–ow–lee–an），直到你睡着为止。

实际上，这不过是一个专业名词而已，意思是沙漠里的风把岩石进行风化的一种形式。Aeolian在古希腊语中是风的意思。如果你问我，答案很简单：大风而已。

简单的答案就是：沙子是由直径为0.2—2毫米的细碎岩石粒构成。究竟多大呢？

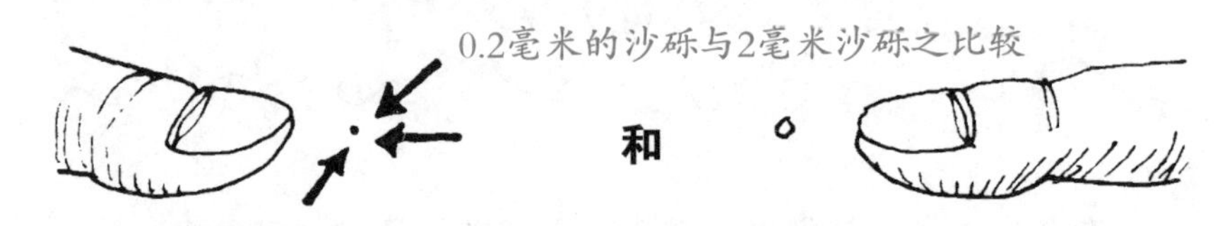
0.2毫米的沙砾与2毫米沙砾之比较
和

2. 哦，沙子的颜色，有时呈黑色、灰色或绿色，这完全取决于原来岩石的种类。

3. 关于沙漠的形成，一些地理学家持有另一种理论，即它是由于可怕的飓风造成的。很难说他们的理论正确与否，毕竟所有这一切都发生在18 000年以前，即使你的地理老师也不可能知道那时候的事。

4. 严格地说，就面积而言，超级明星撒哈拉是世界上最典型的大沙漠。但是，单就沙子的面积来说，当属阿拉伯沙漠里的拉博·艾尔·哈里沙漠，它的面积足有56万平方千米，相当于一个法国。厉害吧？但是在那里你绝对买不到法国面包和奶酪。

5. 见图。你在可怕的沙漠里旅游，正梦想着来一罐冰镇饮料，忽然沙子唱起歌来。

你能不能不哼哼？
但是……
嗡嗡……

没错，你第一次听到的声音确实是沙子在唱歌。可这声音到底像什么呢？没准儿。有时低沉，有时轰鸣，有时像女高音。地

理学家们也搞不清楚真正的原因是什么。一种理论认为，每一粒沙子的表面都有一层亮亮的化学物质——二氧化硅，它使沙砾本身相互粘连。当你站在沙丘上的时候，你的力量迫使沙砾分开而导致的运动产生了声音，或者类似的东西。你可以说那是沙子的音调，但绝不是沙丘的缘故。

当地人可不认为这是“唱歌”。他们说实际上这是修炼成精的沙子在嘲笑那些被困在沙漠里的旅人，或者是埋在沙子底下的鬼怪故意制造出的铃声。“叮！”“咚！”

6. 如果你觉得这很奇怪，那么就应该理解法国里昂的人们，1846年10月17日，他们醒来后就发现城市都变成了……铁锈色！

事情是这样的。在遥远的撒哈拉沙漠，成吨的红色沙子被大风卷到空中，与雨水混合成红雨，下到各地。等雨水风干了以后，留在地上的沙土就变成了铁锈红的颜色。所以他们的担心也就不足为怪了。

7. 有时狂风卷起沙子形成可怕的沙尘暴，你如果被困其中可就麻烦了。沙尘打在身上就像被蝎子蜇了一样疼，连喘气都非常困难。有时候，沙尘甚至都能把汽车表面上的漆剐掉。

这种情况下，最好的办法就是把自己蜷缩起来，遮住脸和眼睛。

最猛烈的一次沙尘暴发生在1988年的埃及。当时狂风把成吨的沙尘卷到空中，仅在开罗一地就有6人死亡，250人受伤，还有许多人患上呼吸道的疾病。很难想象真正遇到沙尘暴会怎样。有一个名叫理查德·特兰克的探险者，他曾有过亲身遭遇沙尘暴的经历，下面就是他自己的描述：

沙漠在我的脚下跳舞，狂风卷着沙尘把我围在中间，疯狂地抽打着我那裸露的胳膊。我的脖子似乎都要被扭断了，脸被沙子蜇得如同火燎，嗓子里也都灌满了沙子，鼻子堵塞，眼睛也睁不开了。我感到孤独极了，真担心会被沙子淹死。

给老师出难题

是不是真的不想上这两节地理课？那么你不妨装着一副有气无力的样子微笑着问老师：

对不起，老师，
我不舒服，沙子
让我感到头疼！

你认为你说的话有丁点儿道理吗？

答案

还真是不幸让你言中了。起码它（沙子）让德国地理学家海尔·万·德·伊斯克感到头疼。沙尘暴曾使他的头可怕地颤动着，为什么呢？因为沙尘暴刮起来的时候，成万上亿颗沙粒之间相互撞击，发生摩擦，在空气中产生噼啪作响的静电，这会使人头疼欲裂，痛苦不堪。

摩擦是一种力，即两种物体相遇的时候相互“顶牛”，增加彼此通过的阻力。就像你上课迟到一样，在学校走廊里猛跑，突然撞到了从另一个方向跑来的和你一样迟到的同学。或者说，就像卡米拉极力想挤到水坑里喝水一样。哎哟！

沙海里的沙丘

你知道吗？沙漠里面也有海。沙海吗？当然了！而且还有沙浪呢！怎么回事儿？是这样的：当风吹过沙漠时，形成了一个巨大的像波浪一样的沙丘，最大的沙丘可以达到200米高（比你家房子高出20倍）和900米宽。

想象一下，如果在海边建造一个那样大的沙堡会是什么样子？每个沙丘都有数万亿个沙粒，而且重达几百万甚至上千万吨。

曾经有一个既是士兵又是科学家的英国人十分钟爱沙漠里的沙丘，他就是拉尔夫·巴格诺德准将（1896—1990）。不打仗的时候，他就研究沙子。他取得的巨大突破是20世纪30年代他在埃及和利比亚驻军的时候。在那里，他多次率领考察队远征撒哈拉大沙漠，去探究大风对沙子的影响。回到英国以后，他自己建造了一个风道，以继续他的关于沙子的研究。你知道他最终发现了什么吗？

a）沙子分布在沙漠上是不以人的意志为转移的；

b）风总是在沙漠上吹出固定的形状；

c）沙丘是骆驼堆起来的。

答案

b)是对的。沙丘的形成绝非偶然。风把沙子吹成各种形状，并且一再地重复。沙丘的大小和形状取决于风的速度和方向。拉尔夫·巴格诺德是在《沙丘形成的物理过程》一书中陈述他的上述观点的。这本书对你来说也许枯燥无味，但是对那些刚刚出道的地理学家们来说，那是他们晚上床头的必读物。

沙丘定位指南

如果你无法对沙丘的形成以及形状做出正确的判断，没关系，巴格诺德准将可以帮助你。为什么不浏览一下他写的书呢？你会很快找到对沙子的感觉。（注：当然，那些不是巴格诺德准将的现场笔记，它们已经淹没在时间的沙漠里了。）

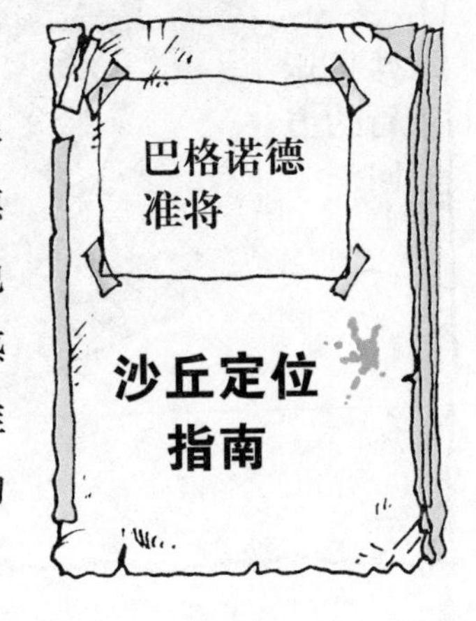

1．新月形沙丘——形状像新月的沙丘，它们的形成是因为风稳定地从一个方向吹。这里有一个我早先在风道里做实验用过的：

a）风不停地吹着沙子，一遇到障碍，例如砾石、草丛或是死骆驼什么的，风速便开始减缓了；

b）沙子落地并开始堆砌；

c）风把沙丘的边缘越吹越高；

d）直到最高处；

e）然后向另一侧倒塌。

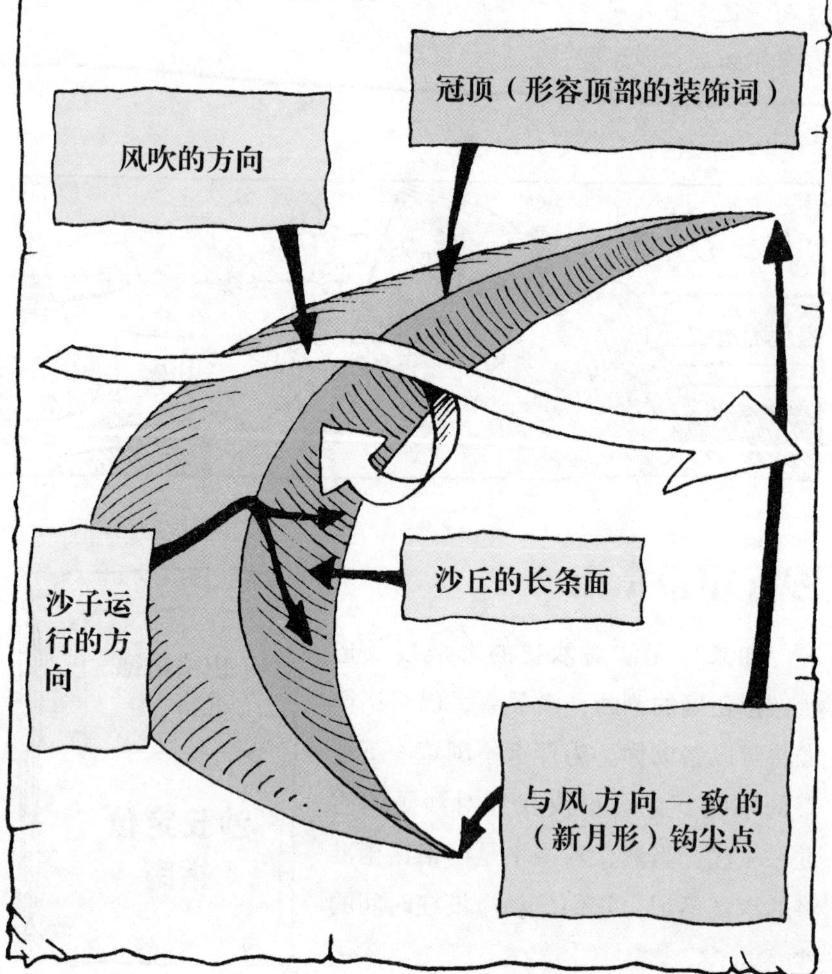

2. 赛夫沙丘——seif(sayf)在阿拉伯语里是“剑”的意思，用它来形容沙丘那像刀刃一样锋利的冠顶再恰当不过了。当风从两个相对方向吹来时，沙丘就成为蛇状的“S”形。沙丘不断增高和扩张，直至200多米高，100多千米长。

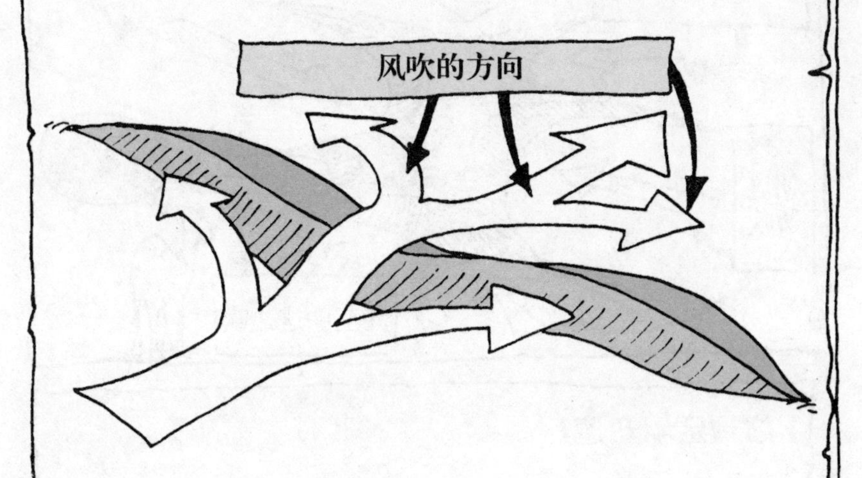

3. 横断面——长圆形的沙脊，如同巨大的沙浪，最长可达300千米。它的形成是由于风的方向与沙丘成垂直角度所致。两个横断面之间的沙谷是笔直的，甚至可以通过一辆卡车。

4. 星状（我个人喜欢的形状）——当风不断地改变方向时就使沙丘形成了星状。它们看上去就像是巨大的海星悄悄地隐伏在沙漠里。如果我眼前真的出现这么大的海星，我可能就会像一阵风似的消失了。

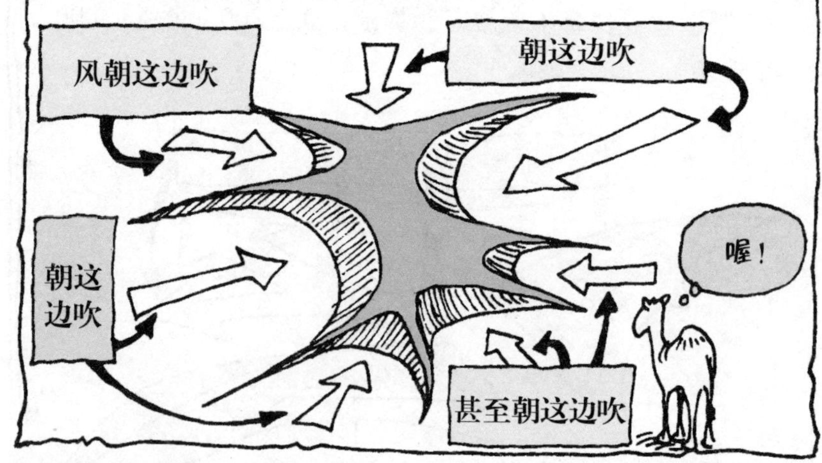

你肯定不知道！

沙丘是可以移动的，这是真的！当风吹过沙丘的顶部时，沙丘就开始慢慢地移动，变化非常快。任何人或其他什么东西如果卷在其中，后果不堪设想，一个完整的城镇或者村庄都可能被填埋。那些可怕的沙丘真是变化无常。它们沿着一个方向年复一年不停地移动着，然后再突然改变方向。但总会有一个是朝着你的方向。沙漠地形始终处于变化之中，所以常常使旅行者晕头转向。是该铲除这些沙丘的时候了！

沙子的秘密

除了城镇和村庄以外，还有更多的秘密被埋葬在沙漠的沙子下边，有些已经历经数年，甚至百万年以上。你敢去那里狩猎恐龙吗？

每日全球　　1923年7月

蒙古戈壁沙漠

戈壁发现的恐龙遗址

路易·查普曼·安德鲁斯今天正享受着美国头牌探险家的新头衔

一队由专家组成的探险队在安德鲁斯的带领下刚刚挖掘出一批恐龙蛋化石，这在人类历史上当属首次。安德鲁斯拥有一副健壮的体形，头戴一顶插着羽毛的宽边帽，现在正在为这个好消息激动着。

非常开心

安德鲁斯边摆造型让摄影师照相边对记者说：“尽管临出发前有些人对我们抱悲观态度，但我们最终为科学打开了一扇新的大门。”

躲避沙漠危险

安德鲁斯有一万个理由高兴。能从戈壁沙漠一个遥远的地方发现13枚椭圆形的恐龙蛋，他没有理由不高兴。那可是一个像月球表面一样光秃秃的不毛之地呀。

安德鲁斯向人们讲述了他如何带队穿越几百千米沙漠，勇敢地与沙尘暴搏斗，并击退了沿路匪徒攻击的故事。他们此次的沙漠之旅并没有带骆驼，而是使用了改装的“道吉”汽车，这也算是一次成功的创举了。

沙滩车

被逮住的古老偷蛋者

考古专家们曾对这些恐龙蛋进行了研究，并确认它们的年代应该追溯到8000万年以前。在美国人发现它们以前，这些恐龙蛋在燥热的气候以及柔软的沙土保护下完好无损。

炒恐龙蛋

但那并不是安德鲁斯发现的全部，更多的史前文物即将出土。在进一步的挖掘过程中，又发现了一个无齿的小恐龙骨骸。很显然，它是在偷恐龙蛋时被现场抓获的。

安德鲁斯说，我还会回来的

在回到美国纽约自然历史博物馆的岗位之前，安德鲁斯打算还要带队再去远征几次。他说，这只是一个开始，没准儿还有成百上千的恐龙等待去发现。如果对他迄今为止所发掘的东西作一个评价，应该是令人振奋的。《每日全球》将随时报告安德鲁斯一行的最新动态。由于我们的独家报道，你将会有身临其境之感。

恐龙蛋偷盗贼

恐龙骨骸

事实证明，勇敢的安德鲁斯是对的，沙漠里曾有大量的恐龙。他继续在那里寻找更多的恐龙蛋和其他一些奇妙的古化石。安德鲁斯在沙漠里的不懈努力使他成为一颗明星。博物馆把他提升为主任（比刚开始扫地强多了），他从此也有了一个恐龙的名字作为绰号：霸王龙安德鲁斯。（为什么不给你的老师也起个恐龙的名字？）安德鲁斯还写了许多畅销书，其中就有扣人心弦的《恐龙的最后一日》。

从那以后，世界各地的科学家都开始到恐龙的墓地去撞运气，结果没有令他们失望。迄今为止，已有几百副恐龙的骨骸被挖掘出来，更不用说其他哺乳动物和爬行动物的了。在所有的考古挖掘工作中最令人振奋的是，竟然有一只带羽毛的恐龙。这就证明了科学家曾一直揣测的——早期的鸟是恐龙的后代。

沙漠情报

沙漠名称：戈壁沙漠

沙漠地址：中亚（中国和蒙古）

沙漠规模：104万平方千米

沙漠温度：夏天最热45摄氏度，冬天最冷零下40摄氏度

年降雨量：50—100毫米

沙漠类型：内陆沙漠

相关资料：

在蒙古语里，“戈壁”的意思是“无水的地方”。

▶ 是世界上最冷的沙漠（除了南极洲以外）。

▶ 大多数地方没有沙子，主要以裸岩和石头为主，三面环山。

▶ 是双峰骆驼的故乡。

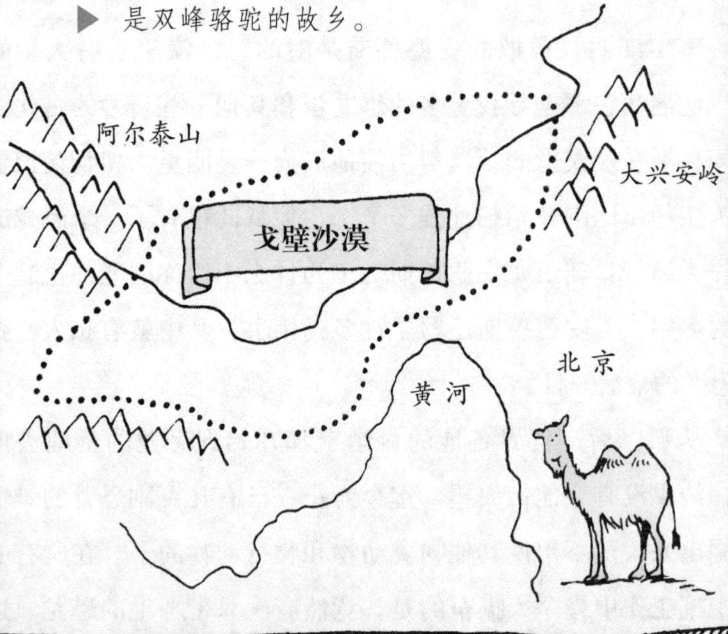

沙漠设计者

你在哪儿发现的超大蘑菇和翻转船，还有巨大的石头桌子？当然是在死亡沙漠里啦。其实它们都是被气流磨砺成各种形状的岩石。

几百万年以来，气候不断改变着沙漠的地形，用术语来说，就是侵蚀。时间证明一切：

▶ 酷热和寒冷。炎热的白天和冰冷的夜晚对沙漠有着地裂般的影响。白天，岩石吸热并膨胀；夜晚，因寒冷而收缩。日复一日，年复一年，循环往复。最终，所有这些热和冷都为此付出了代价。每当岩石迸裂成碎片时，你都会听到刺耳的“砰砰砰”的声音。

▶ 雨水稀少。沙漠里的雨从来都不是淅淅沥沥地下，而是倾盆如注，有时突然一阵倾盆大雨就能把地形破坏了。一分钟以前还干燥得冒烟，转眼就会形成暴洪。之所以叫暴洪，是因为每次都跟洪水暴发一样。

暴洪在岩石上刻下深深的切痕，并带走成吨的沙子和鹅卵石。雨一停，流水的速度就缓慢下来，所有携带的东西就留在了当地。然后水汽再一次蒸发。

▶ 狂风。大风除了把沙子堆成沙丘以外，还能把沙砾通过地面反弹到空中。地理学家们称其为河底滚沙（这是一个拉丁语词汇，意思是弹起、跳跃）。它是这样发生的：

1. 风从地上吹起一个沙砾

2. 沙砾飞跃到空中

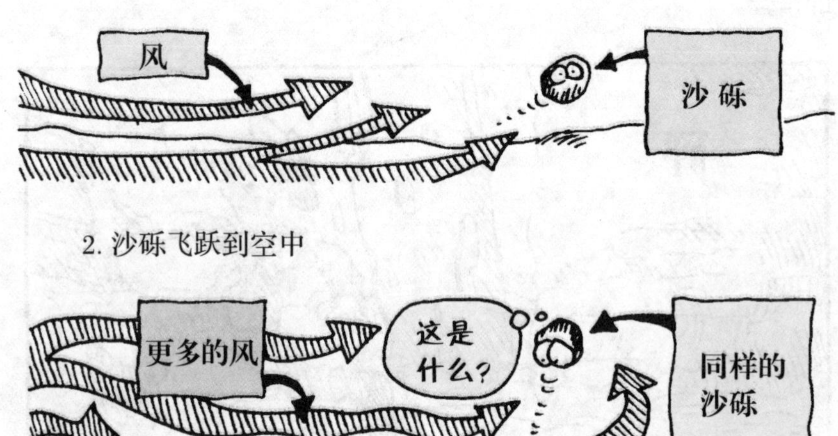

3. 然后落到地上

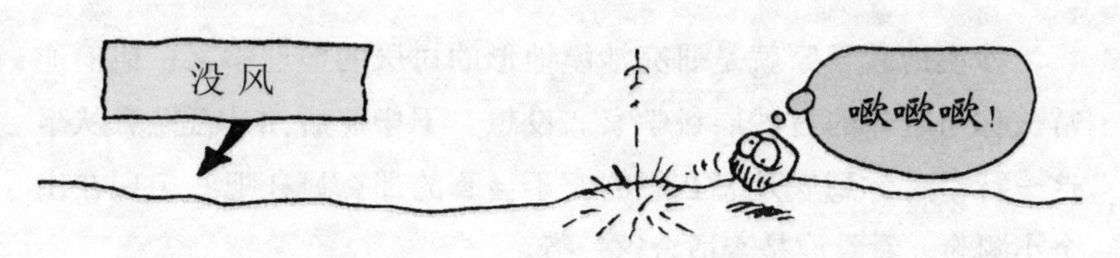

4. 然后一切重来……

5. 大风吹的沙砾在地上不停地反弹，砰砰砰……

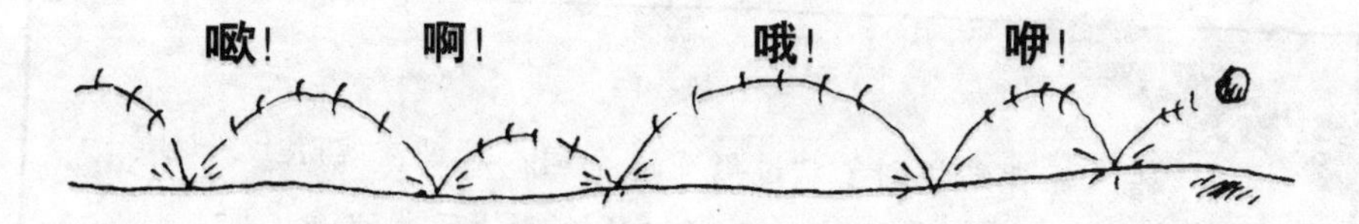

那么这个到底与侵蚀有什么关系呢？是这样的，大风卷起的沙砾抽打在沙漠岩石上，把它们磨损得像一张巨大的……哦，我是说……一张巨大的……砂纸。

但是，沙砾不可能弹起太高，它们只能打磨到岩石的底部，而够不着顶部。年复一年，直到你现在看到的像巨大的蘑菇一样的岩石。你能区分出它们的不同吗？

摊鸡蛋不错

沙漠中的奇迹

你能成为沙漠地貌学家吗

沙漠地貌学家就是研究沙漠地形的讨厌的地理学家。他们通常被称为乏味的古沙层科学家。设想一下毕业后你是否愿意从事这一行？（你到底是怎么想的？不会真的那么疯狂吧？）现在出个小测验，看看你是否适合这一行。

1. Erg 是沙漠里一种致命的病毒。 对 / 错

2. Reg 是单峰骆驼的意思。 对 / 错

3. Wadi 是干涸的沙漠河流。 对 / 错

4. Mesa 是一种山的名字。 对 / 错

5. Feche feche 是沙漠里一种强烈的风。 对 / 错

6. Playa 是盐湖的意思。 对 / 错

答案

1. 错。你肯定想到了“过敏”这个词，对吗？实际上，这是一个阿拉伯语词汇，意思是覆盖在移动沙丘上的巨大沙海。

2. 错。单峰骆驼应该是Dromedary，你这连边都沾不着，尽管对骆驼来说是个很酷的名字。Reg是阿拉伯语，意思是遍布石头和卵石的沙漠，看起来就像是铺满鹅卵石的老式街道。

3. 对。Wadi是被暴洪冲刷出来的裂谷或者沟谷。那个地方常年累月都是干涸的，除非一场倾盆大雨把它灌满，这样就会出现一条稀有的沙漠河。

4. 对。从地理学的角度说，Mesa应该是一种平顶山，但由于它周围的地表都被侵蚀掉了，所以把它突了出来。

凑巧，Mesa在西班牙语里是桌子的意思，但就别管刀子、叉子和桌布什么的了。信不信由你，有的巨大的平顶山上的平顶甚至能容纳一个村庄。

5. 错。Feche feche实际上是非常柔软的沙子，只是裹了一层具有欺骗性的硬外壳。它可以是几米或是达到几千米。你要不惜一切代价避开它，特别是当你在车里的时候。如果真的碰上了，你的麻烦可就大了。

6. 对。Playa是干盐湖的意思。平时它就如同木乃伊一样干，但暴雨过后通常就灌满了。而当太阳再次把水蒸发干以后，就会留下一层盐。干盐湖是地球上最平坦的地区，平得如同薄饼一样。这对宇航员来说绝对是个好消息，对不对？在美国的加利福尼亚州就有一个大的干盐湖，通常就用来作为航天飞机的起降地。

好了。你已经走了好多天了，也看够了沙丘和蘑菇岩，这些足够你消磨后半生了。但是你始终没有碰到一个活物，比如植物、动物或人。你开始感到有点孤独了，确实想找个伴儿吗？太好了！那么继续往下看吧，看看到底是谁或者什么东西在前面等着你。

单峰驼还是双峰驼

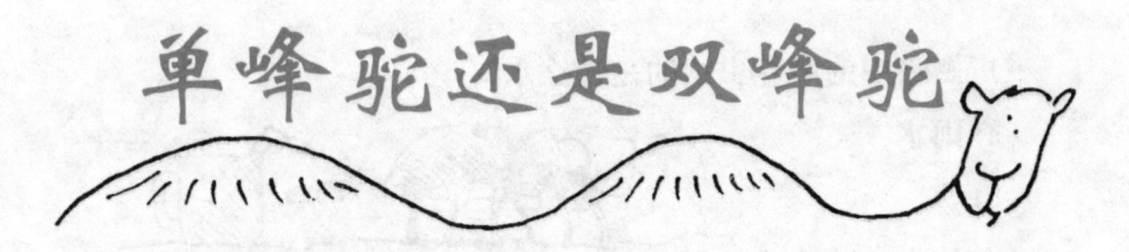

沙漠看上去像死一般的寂静，像荒芜的废弃物。但在地理学上，没有什么东西是一成不变的。尽管环境相当恶劣，但沙漠依然充满活力，我行我素。对那些耐寒的动植物来说，沙漠就是它们的家，温暖的家。它们为什么不去热的地方，非要在这里受罪呢？答案可能出乎你的意料。

保持凉爽

如果你实在不愿意上两节地理课，那么就到沙漠去待一天吧。千万别把它想得太好，因为现在说的是要你把脑袋扎到沙子里去。幸运的是，有许多勇敢的生物以沙漠为家，但它们究竟在那里做什么呢？它们是如何应对酷热和干渴的呢？这里先向你透露两个它们得以生存的重要秘密。

a) 发现水源。所有的生物要想生存都离不开水（其中也包括你自己），否则它们的肌体就不能正常地新陈代谢。

b) 保持凉爽。沙漠里十分炎热，特别是白天，简直能把人热死。这就是为什么白天你见不到许多动物的缘故，实际上它们大多都找一个干净凉爽的地方睡大觉去了。

所有这一切在你的教室里都不成问题，即使是房顶破漏，暖气不制热也没关系。但在沙漠里这就关系到生死的问题。试试回答下面这些小测验题，看看沙漠里的生物是如何寻求凉爽的。

凉爽测试题

1. 黑暗中的甲壳虫饮的是什么水？

a) 雨水

b) 雾

c) 仙人掌叶汁儿

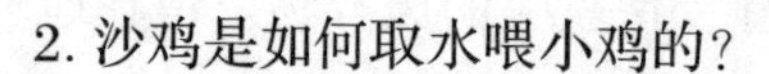

2. 沙鸡是如何取水喂小鸡的？

a) 存在它的嗉里

b) 存在屁股里

c) 存在羽毛里

3. 沙漠里的松鼠是如何遮阳的？

a) 用自己的尾巴

b) 靠同伴

c) 靠骆驼

4. 沙漠龟是如何让自己凉快的？

a) 缩在自己的壳里边

b) 把尿撒在自己的后腿上

c) 把唾沫抹在自己的头上

5. 耳郭狐的耳朵是干什么用的？（耳郭狐是产于北非和阿拉伯的一种大耳大眼的淡黄色小狐——译者注）

a) 起散热器的作用

b) 当扇子使

c) 哦，听东西用的

6. 锄足蟾是如何忍受热的？

a) 生活在水下

b) 生活在仙人掌底下

c) 睡在地下

7. 袋鼠（产于澳洲）多长时间喝一次水？

a) 从不喝水

b) 一年两次

c) 一个月一次

8. 蛇在灼热的沙子上是如何行进而不被灼伤的？

a) 在骆驼的腿上“搭便车”

b) 飞过去

c) 侧着身子蜿蜒滑行（蛇行）

答案

1. b) 这只甲壳虫生活在像木乃伊一样干燥的纳米比沙漠，那里经常是几个月见不到一滴雨。那么如果没有水，它们喝什么呢？别担心，这个小家伙聪明着呢！靠着海风带来的雾水就足够它解渴的了。在有雾的夜里，它大头冲下扎在靠近海一边的沙丘上，在空气中不断地摆动着它的后腿，雾气在它的腿上冷凝成露珠，然后滴到它的嘴里。怎么样？聪明吧！

干杯！
雾
雾气在腿上冷凝成露珠，然后再滴到它的嘴里

2. c) 沙鸡把它的蛋下在灼如焦土的撒哈拉沙漠里。问题是这里根本没有为它的小鸡解渴的任何水源。所以，通常是公沙鸡飞到一个有绿洲的地方，跳进水里。它的羽毛是特为吸水而设计的，就像海绵一样。回家以后就简单了，小沙鸡只要把头钻到爸爸的羽毛里就可以喝到可口甘甜的水了。沙鸡爸爸非常溺爱孩子，通常打一次水往返需要飞行100多千米呢。

打来这么多的水，而我却要渴死了！

3. a) 卡拉哈里地松鼠通常把它又大又茂密的尾巴当遮阳伞用。它会选择一个合适的角度，把尾巴覆盖在自己快要烤焦的身体上，享受着阴凉的快意。

4. b) 当热得受不了的时候，沙漠龟就把自己的尿都尿在后腿上。虽然听起来不太雅观，但事实确实如此。龟尿在太阳的照射下不断地蒸发，龟也就感到凉爽了。

5. a) 耳郭狐通常用它的大耳朵散热，就像一个大的毛皮散热器。血管不断地把温热的血带到耳朵表层，凉风吹过后，使血液温度降低，达到了身体降温的目的。当然，耳郭狐的耳朵是很灵巧的，除了降温以外，它还负有监听的任务，比方说，听听附近有没有让它流口水的沙鼠呀什么的。

6. c) 锄足蟾一年中有9个月的时间是躺在凉爽的地下洞穴中睡觉。但是在第一次有降雨迹象的时候，锄足蟾就开始行动了。它们急急忙忙地跑到距离最近的水塘，把蛋下到水里去。不到两个星期，这些蛋就变成了小蝌蚪，然后再变成蟾，最终这些锄足蟾再跳回到沙漠中去，又开始了新一轮的睡觉。

7. a) 不管你信不信，袋鼠从不喝水。它们对于水的需求完全是从食物中来。鹰隼和草原狼也从不喝水，它们只要抓住一只袋鼠就够了。

8. c) 白天，具有杂技般侧行技术的响尾蛇有一个非常聪明的通过灼热沙子的办法，那就是侧行滑动，这样它接触沙子表面的时间非常短暂，不会被灼伤。通常情况下，这些侧行动物只是在白天才这样行动，而到了晚上天气凉快后就随便行走了。

蛇、响声及侧滚

沙漠里的许多蛇都是有毒的，而且都是足以致命的。最要命的是，它们常常把自己的身体弄得跟沙子的颜色一样，人们很难用肉眼发现它们。响尾蛇的毒更是令人胆寒。但是蛇真的像看上去那么凶险吗？若干年前，我们派出《每日全球》的记者去采访，以期更多地了解它们。记者采访了当时世界上最有名的响尾蛇专家劳伦斯·M.克劳布（1883—1968），他又被称为响尾蛇先生。他用了35年的时间研究、分析响尾蛇，并写了大量的笔记。如果他不知道答案，世界上就再也没有第二人知道了。下面就是他关于蛇的一些看法：

您是从什么时候开始对响尾蛇感兴趣的？
当我住在加利福尼亚，还是个孩子的时候就喜欢了。我们当时住的地方离沙漠不远，你知道，那里可是生活着大量的响尾蛇。我非常着迷于爬行动物，但是我正经开始研究它们的时候已经40岁了。

在那以前您做什么？
我为一家电器公司工作，是从销售电子元件开始的，最终熬到了总裁的位子。我真的非常幸运，但是我始终青睐于爬行动物。

那您为什么离开了您的岗位？

我打算花更多的时间研究爬行动物，所以我成了圣地亚哥动物园里爬行动物的监护人。动物园以前曾弄到很多蛇，但他们区分不了那都是些什么蛇，所以把我叫来帮忙。从此我就再也没有离开过这里，实际上这也是实现了我的梦想。

您还把工作带回家做吗？

当然了。我曾经在地下室里养了35 000条响尾蛇和一大堆别的爬行动物。

哇！您在哪里搞到那么多的蛇？

主要是从沙漠里。如果你对这个感兴趣，春天的夜晚是最理想的时机，因为那是响尾蛇最活跃的时候。麻袋是捕捉响尾蛇最好的工具。

哦，不，谢谢，我只是说说而已。那么响尾蛇真的很致命吗？

不，如果你善待它们，它们就不可怕。除非你让它们神经紧张，否则它们不会敌视你。只要你不打扰它们，它们绝不会攻击你。但是，一旦它们的尾巴响起来了，最好是赶紧悄悄地离开它们，不管你正在做什么，离它们远一点。

我记住您的提醒了。您被蛇咬过吗？

哦，当然，但也就一两次而已。我很幸运，幸好不是那种特别典型的毒蛇。其实，最危险的是来自东方的那种菱纹背的响尾蛇，它很富有隐蔽性，不易被人发现，能对人类造成很大的威胁。

那么，这响声是怎么回事？

响声来自响尾蛇尾部尖端一段鳞状的空环。当毒蛇摇动它的时候，它就发出了响声。事实上，响尾蛇发出的声音非常吓人，以此警告敌人赶紧离开。如果不走开，它就要发起攻击。另外，人们还可以根据蛇尾部发出的不同声音判断其属于哪一种响尾蛇。

有什么办法能防止它的尾巴响吗？

是的，穿一双好一点的长筒靴，再穿一条厚一点的裤子，这就是我的建议。估计问题不大，但是一旦被蛇咬，请赶紧去找医生。咦，亲爱的，你没事儿吧？

你肯定不知道!

忘了防响尾蛇裤子的事吧。实际上在沙漠里最令人恐惧的生物是蝗虫。单个看，这小东西似乎又小又没有什么危害（放在拇指上像个小玩物）。但是它们从不单独成行，往往是成百亿只一起飞翔，势不可当。它们总是像恶狼一般，毁坏农民的田野，吃掉各种植物如风卷残云。它们一天祸害的粮食够500人一年的口粮。农民们曾试图用各种超强农药消灭它们，但看上去丝毫没有影响它们的胃口。

设计一个沙漠生物竞争机制

想一想你是否能做得更好？为什么不加入我们的热门竞赛来设计一个完美的沙漠生物？头等奖将是难忘的乘骆驼旅游，地点就是撒哈拉大沙漠。我能跟你一块去吗？别忘了，你需要一个能够帮助你对付酷热、严寒、沙暴、尘土以及缺水的沙漠生物，这个生物必须是独一无二的。有主意了吗？给你点提示——有一种沙漠动物肯定能够在任何生物大赛上赢得头等奖——只要不是选美比赛。它的生存技能是举世无双的。猜出是什么了吗？猜不出？其实它就是……令人惊异的、适应性非常强的……骆驼！去它的猫和狗吧！骆驼才是我真正的宠物！我的卡米拉就是骆驼里的最好典范。

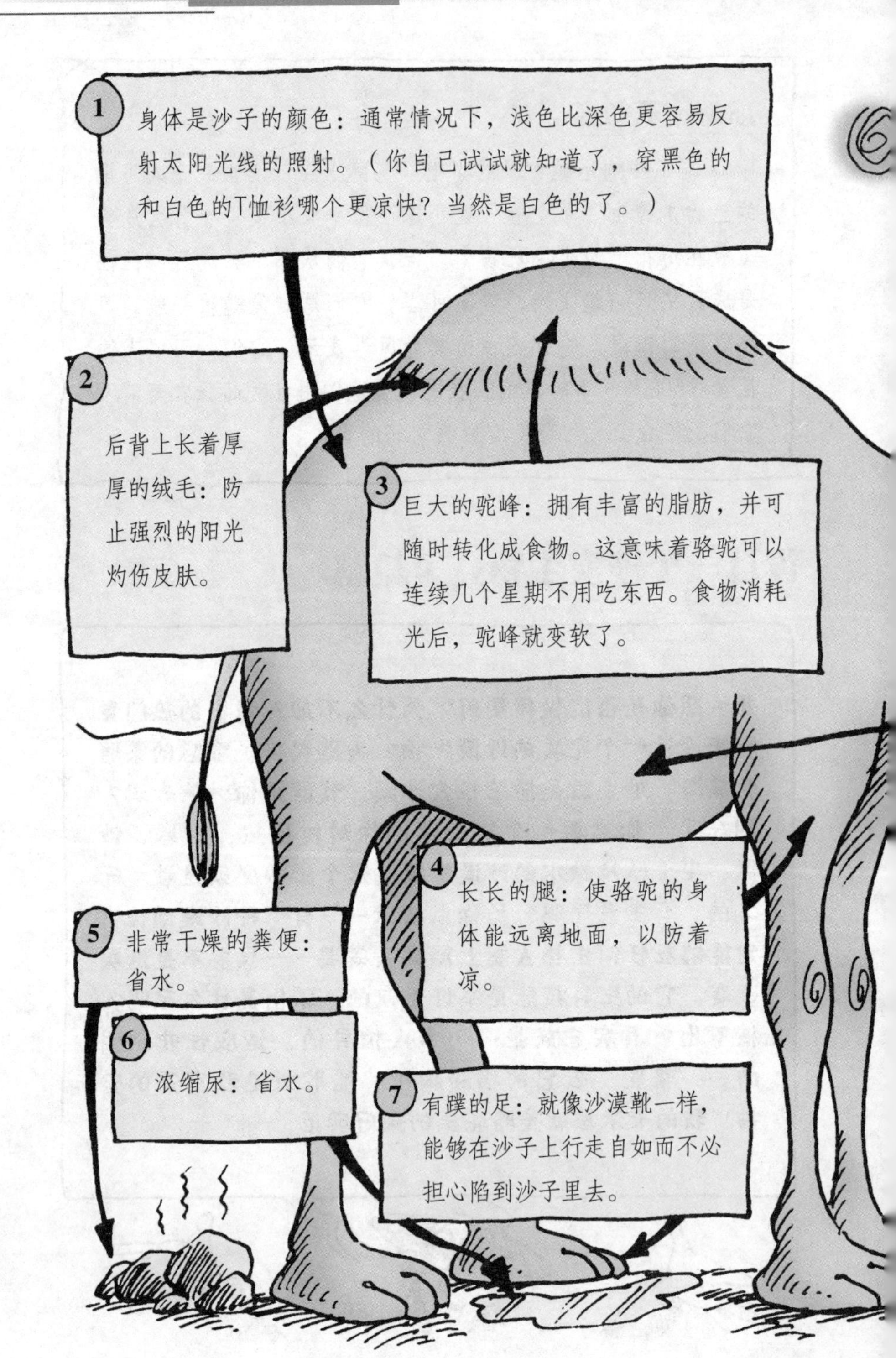
1
身体是沙子的颜色：通常情况下，浅色比深色更容易反射太阳光线的照射。（你自己试试就知道了，穿黑色的和白色的T恤衫哪个更凉快？当然是白色的了。）
2
后背上长着厚厚的绒毛：防止强烈的阳光灼伤皮肤。
3
巨大的驼峰：拥有丰富的脂肪，并可随时转化成食物。这意味着骆驼可以连续几个星期不用吃东西。食物消耗光后，驼峰就变软了。
4
长长的腿：使骆驼的身体能远离地面，以防着凉。
5
非常干燥的粪便：省水。
6
浓缩尿：省水。
7
有蹼的足：就像沙漠靴一样，能够在沙子上行走自如而不必担心陷到沙子里去。

我其实也很漂亮！
8
两对超长的眼睫毛：防止沙子入眼。
9
能伸缩的鼻孔：能够挡住沙尘进入鼻腔。
10
尖锐的牙齿：能咀嚼别的动物不敢涉猎的多刺的沙漠植物。
11
肚皮上毛发稀少：通过这里可以散热，以降低骆驼身体的温度。

有关驼峰的一些情况

1. 你能把两只不同的骆驼区分开吗？其实很简单，数一数驼峰就可以了。只有一个驼峰的称为单峰骆驼，通常生活在阿拉伯、亚洲和非洲；有两个驼峰的称为双峰骆驼，通常生活在

我很高兴没忘了把大衣穿上。

戈壁沙漠。由于它们要度过寒冷的冬天，所以都长着一身厚厚的绒毛。

2. 骆驼可以一连走数天而不喝一滴水，它们可以忍受着可怕的饥渴。但是一旦发现水源，它们可以在15分钟内一口气喝下去130升水，几乎相当于你喝下去400听罐装汽水。如果渴成那样，你一定会奔汽水而去，对不对？

3. 你肯定没见过最初的骆驼是什么样。它们身材矮小，粗短的小腿，没有驼峰，简直就像猪一样。它们大约生活在4000万年前的北美洲（但那里现在已经没有骆驼了）。

4. 骆驼简直是太有用了。它们能够背负100千克的货物（基本相当于你和两个朋友加起来的重量）不吃不喝地连走数千米。你可以很方便地把你的帐篷放在驼峰上，而且，骆驼不同于汽车和其他沙漠运输工具，它从不会陷在沙子里。

5. 一些居住在沙漠里的人终生都依赖骆驼。他们在骆驼市场买卖骆驼（白色骆驼是最值钱的）。你拥有的骆驼越多，表明你越富有。20头以下的骆驼根本就不值得一提。但是如果你有50头或更多的骆驼，那么表明你非常富有。骆驼还常常作为婚礼上的上等礼品。

6. 这还不足以说明骆驼的价值。人们还用骆驼毛编织帐篷和地毯，用骆驼皮做皮包和皮绳。人们甚至还用骆驼尿洗头，因为洗过的头不仅干净、有光泽，而且还能杀死可恶的虱子。你有没有勇气试一试？

7. 骆驼奶还富含各种营养物质，尤其是维生素C（对牙齿和骨头的生长都绝对有好处，如果你临睡前不喝一杯骆驼奶的话，那么就只能从水果和蔬菜里补充了）。你可以直接饮用，也可以做成酸奶，味道就像液体的巧克力奶糖。来一勺试试？

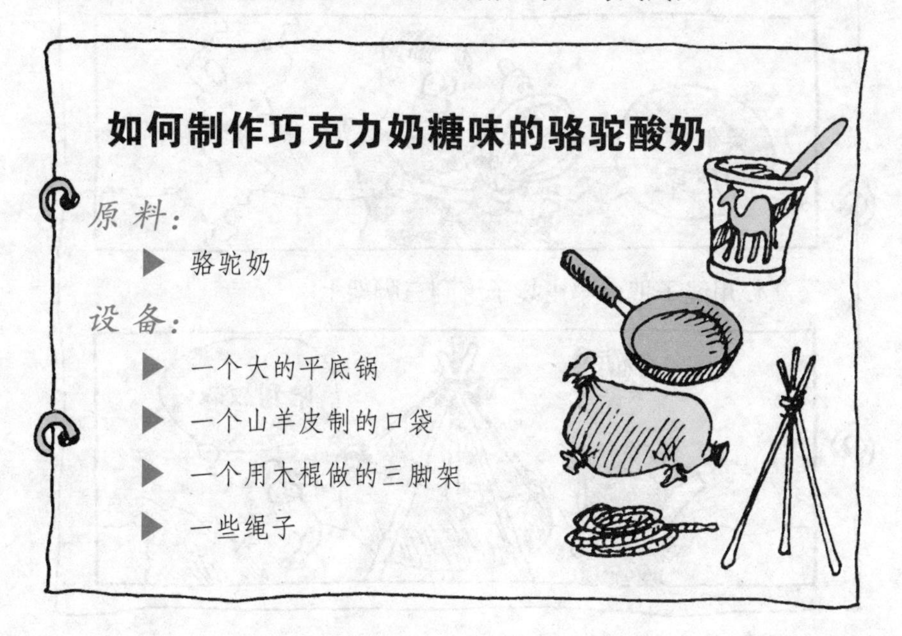

如何制作巧克力奶糖味的骆驼酸奶

原 料：

- 骆驼奶

设 备：

- 一个大的平底锅
- 一个山羊皮制的口袋
- 一个用木棍做的三脚架
- 一些绳子

制作过程：

1. 先挤一些骆驼奶（注意别让骆驼踢你）。

2. 把骆驼奶倒进平底锅里，然后用火烧热。

3. 热了就行，别烧开了。然后倒进山羊皮袋子里。

4. 用绳子把山羊皮袋子绑到三脚架上。

5. 使劲摇动山羊皮袋子，在两个半小时以内，每隔几分钟就摇动一次，直到有些变稠的感觉。（告诫：摇动会使你的胳膊酸疼。）

6. 好了，现在把它倒在碗里，给你的朋友尝一尝吧。

健康提示

骆驼没有理由不被称为“沙漠之舟”。如果骑在骆驼背上前摇后摆地一两个小时，你非得晕船不可。

沙漠植物的两难选择

对于沙漠里的植物来说，它们活得并不轻松。就像动物一样，它们也需要水来维持生命。没有水它们就只有枯萎、死亡了。实际上，它们需要水来生产自己的食物。水非常宝贵，不是吗？然而确实有一大批植物勇敢地生活在如木乃伊般干燥的沙漠里。那么它们究竟是如何生活的呢？说起来那可真是个奇迹。以沙漠里最著名的植物巨人仙人掌来说……

你见过这个植物吗？

植物名称：巨人仙人掌

著名生长地：美国的索诺兰沙漠

有关资料：高18米；重量10吨；年龄高达200岁。

主要特征：

▶ 茎叶厚实，能够储存8吨水；

▶ 沟槽般的褶皱，使茎叶的面积扩大，以吸收更多的水分；

▶ 蜡质的表皮，防止潮气进入；

▶ 锋利的针刺，叶子越大越容易把水分蒸发到空气中，而针刺却很少流失水分；它们还可以为仙人掌遮阳；没有一个生物胆敢对它们下手；

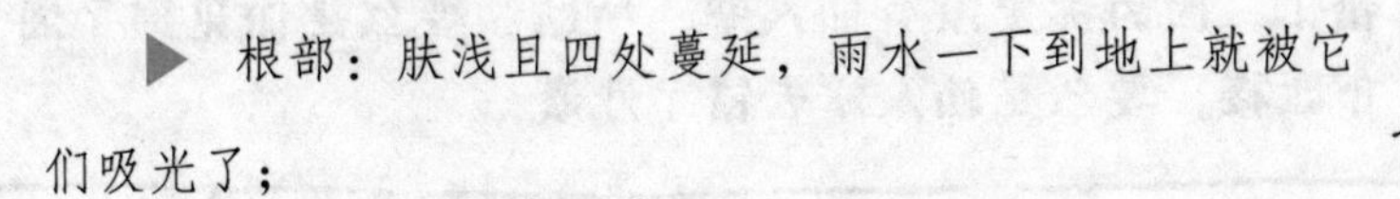

▶ 根部：肤浅且四处蔓延，雨水一下到地上就被它们吸光了；

▶ 形似猫头鹰：巢穴就长在仙人掌里边的洞里，如果它真是一只精灵猫头鹰，那么也是巨人仙人掌演变的（尽管它不是一个非常显著的特征）。

同类的家族成员：大约有2000种之多，其中包括桶形仙人掌、特迪熊仙人掌、海獭尾仙人掌、老头仙人掌、豪猪仙人掌、风琴管仙人掌等，还能说出一大串。

可怕的天敌：他们是残忍的偷窃者，在没有任何许可的情况下，在沙漠里四处偷窃仙人掌，然后把它们运走，再贩卖到花圃和花农那里去。偷窃一棵5米高的巨人仙人掌大约可攫取1200美元的利润，每多出一个枝杈将另有50美元的报酬。在美国的亚利桑那州，竟然出现了全天候保护仙人掌的警察，四处缉捕偷窃贼。

警告！这种植物会进行自我保护并且很危险，非常容易刺伤人，不要靠近它。你即使是渴得受不了，也不要找麻烦。千万要记住，哪怕是渴死也不要去靠近它，因为它的汁液对人类来说是有剧毒的。

如果你在撒哈拉沙漠发现一株仙人掌，那一定是大错特错了。因为那里没有仙人掌。所以，要么是你见到了海市蜃楼，要么是仙人掌去错了沙漠。
喔喔！我去错了沙漠。

沙漠情报

沙漠名称：索诺兰沙漠

沙漠位置：美国西南以及墨西哥

沙漠面积：31万平方千米

沙漠温度：夏天最高温度41摄氏度，冬天最低温度3摄氏度至零下。

年降雨量：50—250毫米

沙漠类型：高气压沙漠

相关资料：

▶ 是叉角羚、羚羊和野山狮子等大量野生动物的家园。

▶ 由于靠近地球上巨大的裂缝——不稳定的圣安德里斯断层处，所以易发生地震。

▶ 属于北美地区众多的沙漠之一。在这里你还会看到大盆地沙漠、墨加福沙漠、彩色沙漠以及赤华环沙漠等（对了，就像一群迪迪狗）。

沙漠里的奇迹

仙人掌可算是沙漠里最有名的植物，但它们绝不是唯一的。我在旅行中曾碰到过一些奇妙的开花植物，它们同样有一套自己寻找生命水源的办法。我认为非常具有独创性，相信你也会同意我的看法。沙漠里另外一种非常有名的植物是奇妙的牧豆树属植物，它们的根部长达20米，能深入到沙漠地下深处汲取地下水，从而有效地解决在地下寻找水源的问题。这就有点像你在用一根20米长的吸管咕噜咕噜地喝水。而精明的杂酚油植物则与之恰恰相反，它的细小枝叶在地面上四处蔓延，以充分吸吮露水和雨水。你说它聪明吧？

咩咩咩，
味道也
不错！
杂酚油植物
牧豆树属植物

纳米比沙漠里的植物百岁兰更是令人惊异，它的长相就像是一个巨大的萝卜，至少对我来说是这样的。它的叶子不仅又大又长，而且是从顶部长出来的。这种特殊的植物只有两片叶子，但是可以长到3米多长。它们在地表四处蔓延，尽管叶子边缘看起来破烂不堪，可却非常有用——它们吸吮海风带来的雾水，使终年迎风的百岁兰得到充足的水分。

最后但不是最不重要的一点，是我个人的爱好。你知道，大多数时间里沙漠看上去都是十分干燥和荒芜，但是一到夏天进入雨季，情况就完全不同了，整个沙漠看起来生机盎然。怎么可能？当然可能了。地下埋藏着几十亿的植物种子，它们从上个雨季结束后（几个月前，甚至几年前）就留在那里了。

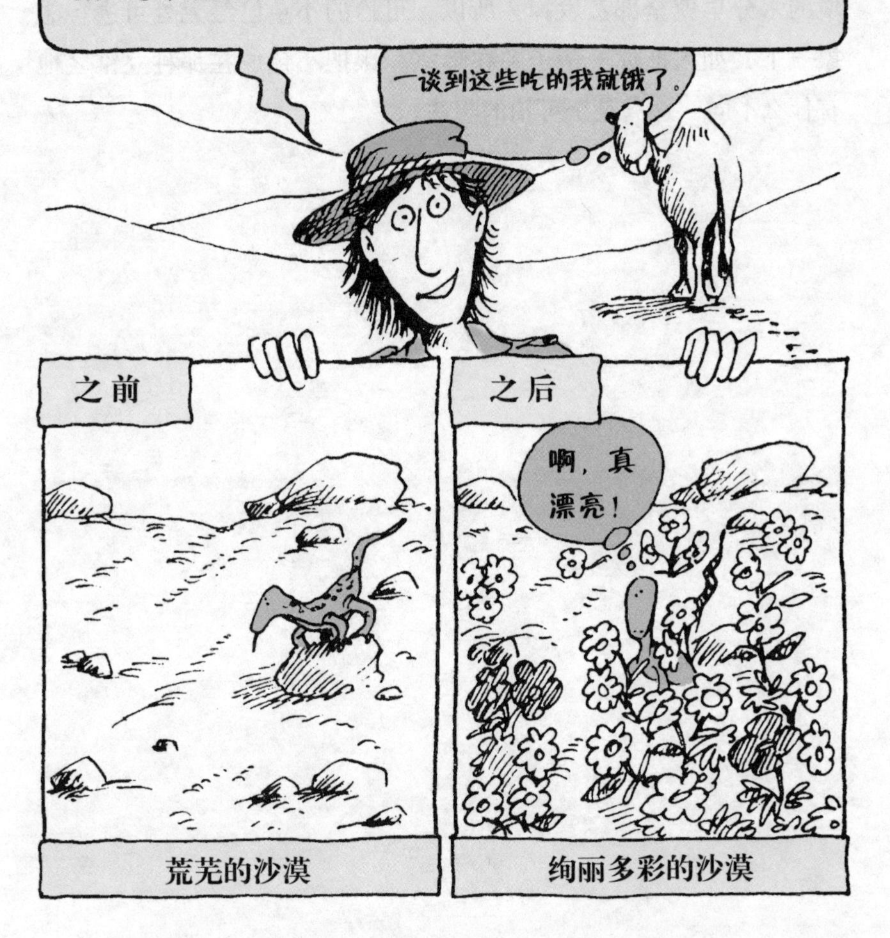

那么这些花究竟是如何选择最佳时机竞相开放的呢？原来，这些隐秘的种子都长着一层特殊的外壳，内含化学物质。这些特殊的化学物质使得这些种子只有在雨水充足的情况下才能绽放。实际上就是要有足够的雨水浸到地下，把种子外面的那层壳泡掉。如果雨水不够，而种子非要发芽不可，那结果必然是在太阳再次出来以后，这些种子很快就枯萎和死亡。

最终……

说到隐秘，我们不能不提到生活在沙漠地下的一种小鱼。它们的处境不可谓不艰难，生存的空间只有一点点水，周围自然环境的水分早就全部蒸发掉。所以，可怜的小鱼已经无处可逃。想象一下，如果把你一辈子关在教室，跟把小鱼放在那种立锥之地有什么不同？这真是个可怕的想法。

可怕的沙漠生活

沙漠生活对于骆驼来说可能是凉爽的，那么对人类又如何呢？人类真的无法应付那里的酷热吗？当然不是。尽管沙漠的条件是如此恶劣，但是世界上仍有13%的人口，也就是说差不多6.5亿人生活在那里。年复一年，他们在那里生活和作息，知道如何对付炎热和如何寻找水源，这些都让我们自愧不如。但是千万别认为一切对他们来说很容易，沙漠里的生活是非常艰苦的。你想了解他们的情况吗？那么就跟着桑迪还有桑族人一起到非洲的卡拉哈里沙漠去体验一天的生活吧……

我的笔记

桑族人生活一日

桑迪

嗨，我是桑迪，我现在正在卡拉哈里沙漠与桑族人共度一天。这真是一个特别的时刻，我有一种说不出来的感觉。他们是一群真正懂得如何在沙漠里生存的人，当然，他们也会教我一两招。

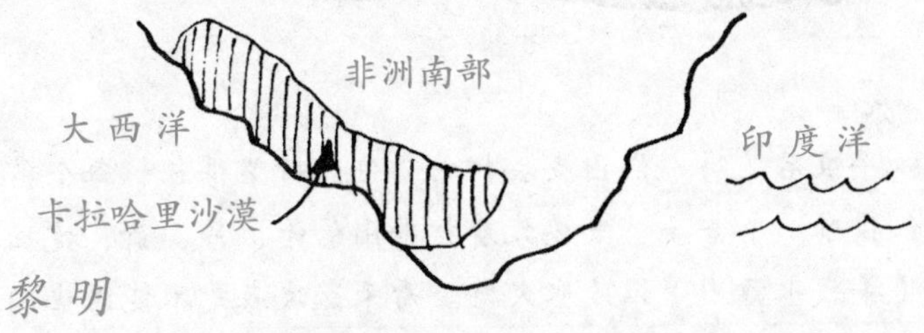

黎明

现在是黎明时分，正是该起床生火的时间。在沙漠里这么早起做事真是冷得够受。幸运的是我买到了一条毛毯。沙漠里当然没有什么洗手间，但是草丛就是最好的厕所。这里非常缺水，根本就不能浪费。因为不能用水冲洗，所以桑族人都用红沙擦身体。实际上，这样效果也不错。早饭也就是几勺粥。

你知道桑族人的传统生火方法吗？用火钻？错，绝对不是你想象的那样。他们使用两根长棍子，先在一根棍子上钻一个洞，然后把另一根棍子插到里面，用手迅速旋转上面这根棍子，直到出火星儿为止。其实很简单，多试几次你也会。

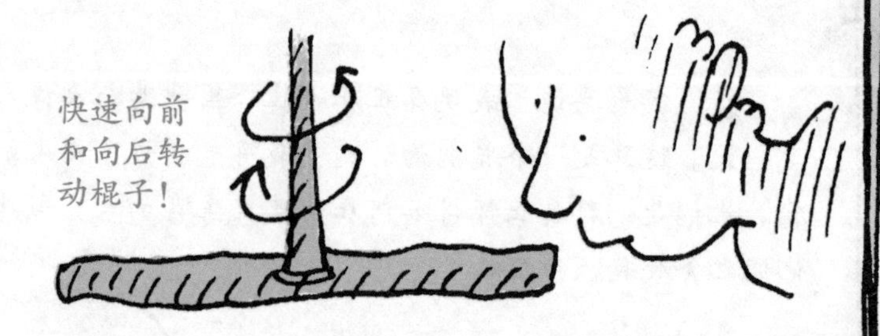

早晨

早饭后，男人们出发去打猎。他们行装很轻，每个猎手仅携带一个袋子，里边装着打猎用的矛、弓、箭、挖掘棍（寻找水源用）以及取火钻。看来这次我是不能跟他们去了，但是其中一名猎手告诉了我所发生的一切。在沙漠里走了若干英里以后，他们终于发现了羚羊的行踪。（卡拉哈里沙漠除了羚羊以外，还有其他一些特别的野生动物，像大象、长颈鹿等。但是要找到它们并不太容易，好在桑族人对沙漠了如指掌。）

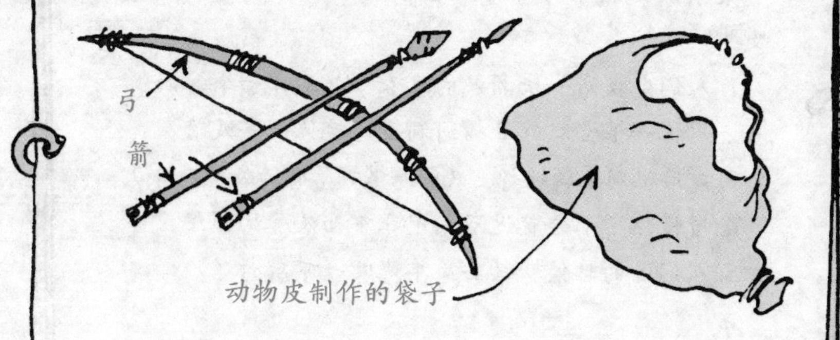

他们追上羚羊以后就“开火”了，所有的箭头上都浸着从一种甲壳虫身上提取的能致命的毒药，羚羊无处可逃。

在后方营地……

猎手们走了以后，我就和女人及孩子们到沙漠里寻找可以吃的植物种子和根。这些东西是桑族人日常食物的重要组成部分。但是要找到足够的量也确实不是一件容易的事。大多数时间我都在不停地大口喝瓶子里的水，桑族妇女们都笑话我。她们不需要装水的瓶子，一旦渴了，就找到一棵从沙子里钻出来的干缩的小植物。鬼知道她们是怎么找到的，对我来说，那就像是一个小细枝条。然后，她们就开始顺着这棵植物往下挖。事实证明，那个看上去像个小细枝条的东西实际上是一

个又大又圆的块茎的一部分，用手一挤，就能挤出水滴。聪明吧？喝不完的水就存放在空鸵鸟蛋壳里，封好后埋起来，以备后用。

注：

桑族人是找水专家。下面就是他们如何制作传统的“吸井”。

1. 人们先找到一块潮湿的地表，然后挖一个深洞；
2. 再把一根空心芦管插到洞里，就像一支吸管；
3. 然后把洞重新埋好，只留一根芦管作为吸管在外头；
4. 慢慢地，水分就逐渐集中在下面吸管的顶端；
5. 人们渴的时候，只要简单地吸一下就行了。

晚些时候

我们先于那些猎手（男人们）回到营地，他们后来是扛着羚羊回来的。他们烹煮羚羊的方法很特别。首先把羚羊皮剥掉，把它埋到在热沙子中挖出的一个洞里，然后在洞里烧火，再用沙子把整个东西盖住。肉焖熟了以后，再把它切成条状。真是太聪明了！接下来盛宴就开始了！大家都饿极了，所有的东西都不会浪费。肉是吃掉一部分

(我得承认，肉味确实鲜美)，剩下一些晾干保存起来留到冬天再吃；羚羊皮用来制作袋子或衣裳；骨头用来制作箭。桑族人甚至连羚羊耳朵上的软骨都吃掉，毕竟，在他们猎取到下一只羚羊前还有一段时间。

太阳落山

大吃一顿之后，人人都肚饱肠满，桑族人开始围着篝火唱歌跳舞，一直折腾到深夜。他们对我说，所有这一切都得感谢神灵。他们认为跳舞对那些体弱的人有好处，桑族人唱歌跳舞一般都是纪念祖先，同时祈求神灵给他们降雨。对于劳作了一天的人们来说，这真是一个祥和的夜晚。到了这会儿我也真感到困了，恨不得躺在哪儿都能睡着，但桑族人在用干草编的简易墙后边给我腾出了一块地方。每个桑族人都有自己的地方。外面干燥无风。晚安。

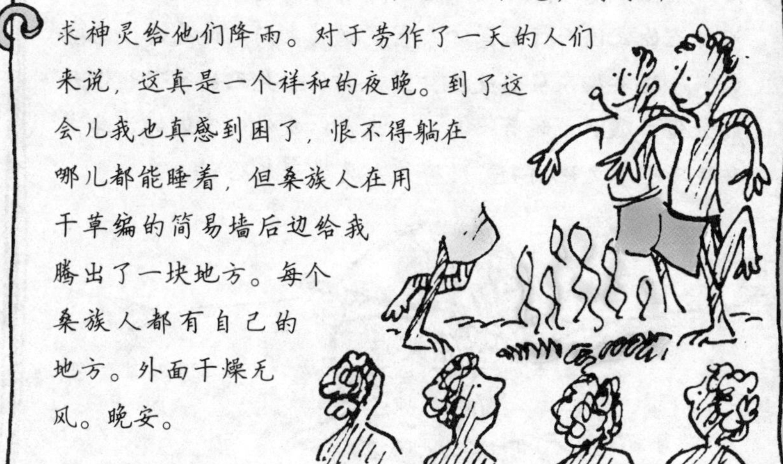

第二天

黎明时分就起来了。因为桑族人要早早地收拾他们简易的行囊，出发去另一个宿营地。他们通常在一个地方待不了几天，原因很简单，没有足够的食物和水。现在也是我跟他们道别的时候了。

我跟桑族人在一起的时光是非常愉快的，尽管他们的日子过得很艰难，但他们都非常善良和好客。仅仅过了一天，我就想他们的日子还能继续下去吗？从此，我不再抱怨任何事。

桑族人已经在沙漠上生活了3万年，但现在他们的生活却发生了变化。许多人受到外来者的欺辱，被迫离开他们自己的家园而迁居到贫民窟，这对他们来说是无法忍受的。一些桑族人被迫反抗，以夺回属于自己的家园和古老的文化。否则，终有一天，桑族人以及他们传统的沙漠生存技巧将永远地消失。那将是人类的一大悲剧。

给老师出难题

如果你想让老师在语言问题上难堪，别再说什么拉丁语或者古希腊语，你只要说出Click就足以让他们发蒙了。发音要从kx' a开始，给你提示一下：要发好这个音，一定要能够把你的脸拉长。准备好了吗？首先，就像唤一匹马那样，把你的舌头迅速地在嘴里伸缩，然后再发一个介于k和g之间的混浊音，接着把声音稍微拉长就像要憋死那样（别真的憋着）。发音结束时要带着“aaahhh”的尾音。懂了吗？如果你不怕把自己吓着，就对着镜子练一练。

但是你想说点什么吗？

答案

Click是桑族人的语言，在这个词里，发“kx' a”的音实际上是一种树的意思。Click是一个发音非常难并难以理解的词，要想掌握它得需要好多年的努力。但是一定要小心，即使一个非常小的错误都可能导致完全不同的意义。

沙漠情报

沙漠名称：卡拉哈里沙漠

沙漠位置：南部非洲

沙漠面积：52万平方千米

沙漠温度：夏季最高温度49摄氏度；冬季最低温度冰点以下。

年降雨量：130—460毫米

沙漠类型：高气压内陆沙漠

相关资料：

▶ 大部分地方都被古老的沙海和沙丘覆盖着，形成时间大约在1万年以前；

▶ 它是奇异的猴面包树的原产地，这种树干里能储存大量的水；装满水的猴面包树干最大直径可达30米；

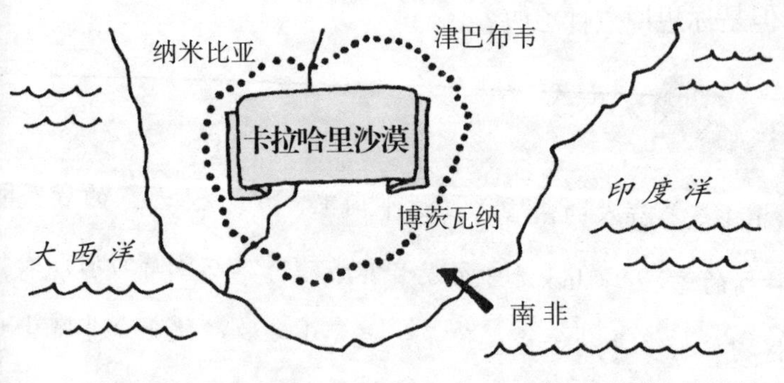

▶ 这里是世界上最大的鸟——鸵鸟的故乡，鸵鸟蛋也是最大的鸟蛋。

为夜里搭建一片屋顶

许多生活在沙漠里的人都属于游牧民族，这意味着他们要不断地从一个地方搬到另一个地方去寻找食物和水。他们从不在一个地方待很长时间，只要食物和水用完马上就走。不断地搬家实际上是一件非常辛苦的事，在沙漠里，你不可能从一座现成的房子搬到另一座现成的房子，这是绝对不可能的事，所以你得把家带着走。这就要求你的房子必须能够快速地拆装，并且很容易地放到骆驼背上。你有什么好主意吗？沙漠移动帐篷怎么样？

野营必备

在挑选什么样的帐篷问题上确实让人犯难。但是别担心，我们提供的帐篷是为沙漠旅行特别设计的，吸取了世界各地居住在沙漠上的人们的经验，他们对沙漠宿营非常在行。我们很骄傲地向你推出最新的热卖产品系列……

1
豪华沙漠之旅
在传统的“毛发之屋”你会感到无限的凉爽
跨世纪的设计
一顶绝不会让你失望的帐篷

用上等的骆驼毛、绵羊毛或者山羊毛制作。

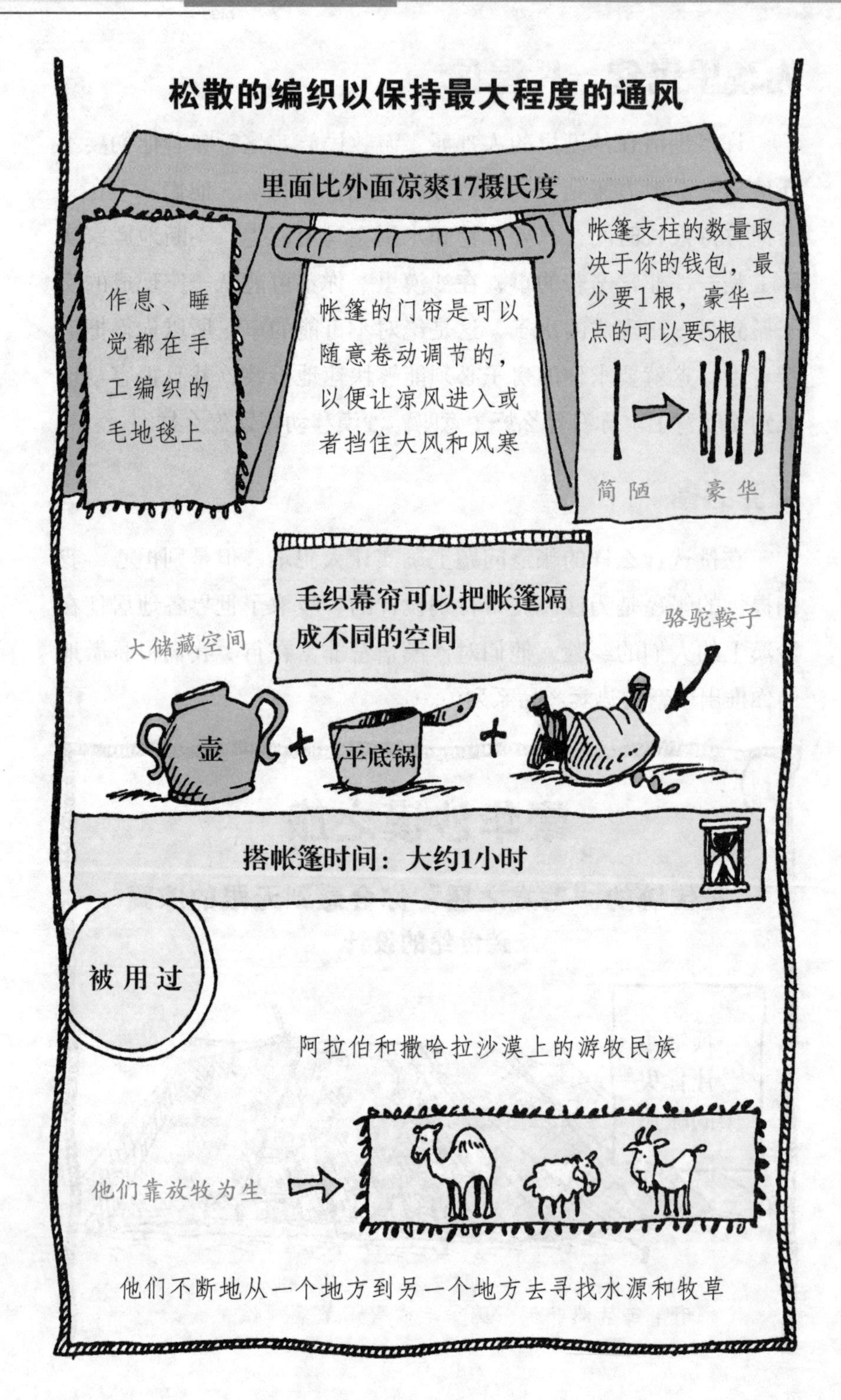

松散的编织以保持最大程度的通风
里面比外面凉爽17摄氏度
作息、睡觉都在手工编织的毛地毯上
帐篷的门帘是可以随意卷动调节的，以便让凉风进入或者挡住大风和风寒
帐篷支柱的数量取决于你的钱包，最少要1根，豪华一点的可以要5根
简陋
豪华
毛织幕帘可以把帐篷隔成不同的空间
大储藏空间
骆驼鞍子
壶
平底锅
搭帐篷时间：大约1小时
被用过
阿拉伯和撒哈拉沙漠上的游牧民族
他们靠放牧为生
他们不断地从一个地方到另一个地方去寻找水源和牧草

2
舒服得就像住宫殿
在沙漠寒冷刺骨的夜里，如果选择一顶好的帐篷可以抵御风寒……
西伯利亚的狂风
把帐篷顶上的洞打开排烟
毛织的门框可以卷起来
可以自已做饭的火盆
用羊毛和毡子制成的
重量轻，容易拆卸
冬天暖，夏天凉
搭帐篷时间：大约半小时
被用过
戈壁沙漠的蒙古牧民
他们牧养绵羊和山羊，一年搬家十几次

3

双季帐篷

两种传统的帐篷可供选择，用当地材料制作，都很容易搭建并带走。

夏天的样子

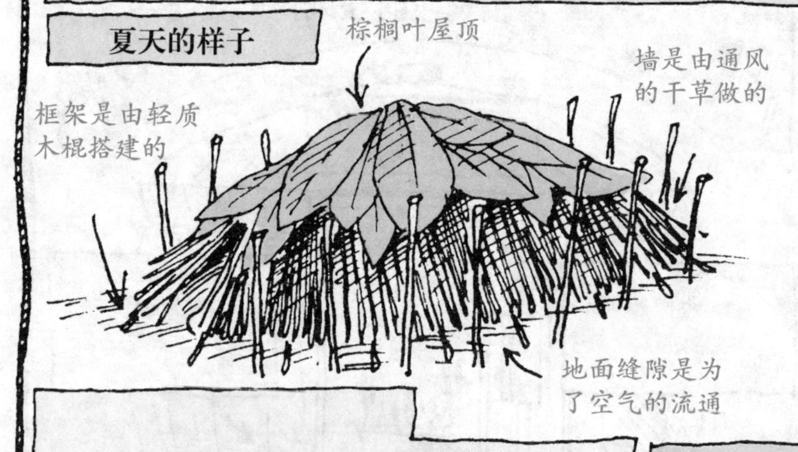

保证在最热的天也会感到凉爽！

冬天的样子

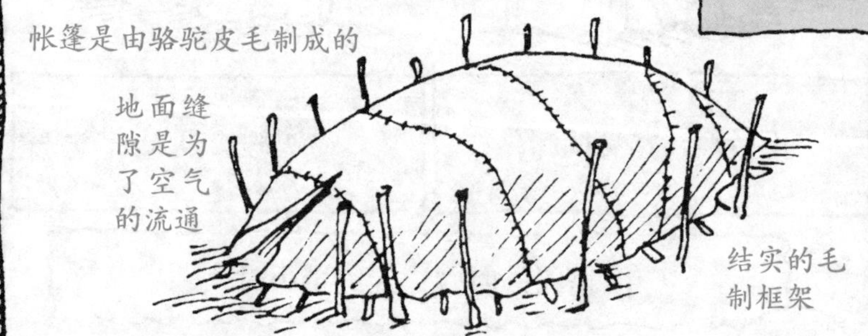

特别提示：两种帐篷都配有一套木棍，以便插在帐篷的四周防止野生动物的侵袭，看起来就像是恶作剧。

被用过

撒哈拉沙漠的柏柏尔牧民

他们繁殖骆驼并且率领骆驼队横穿沙漠

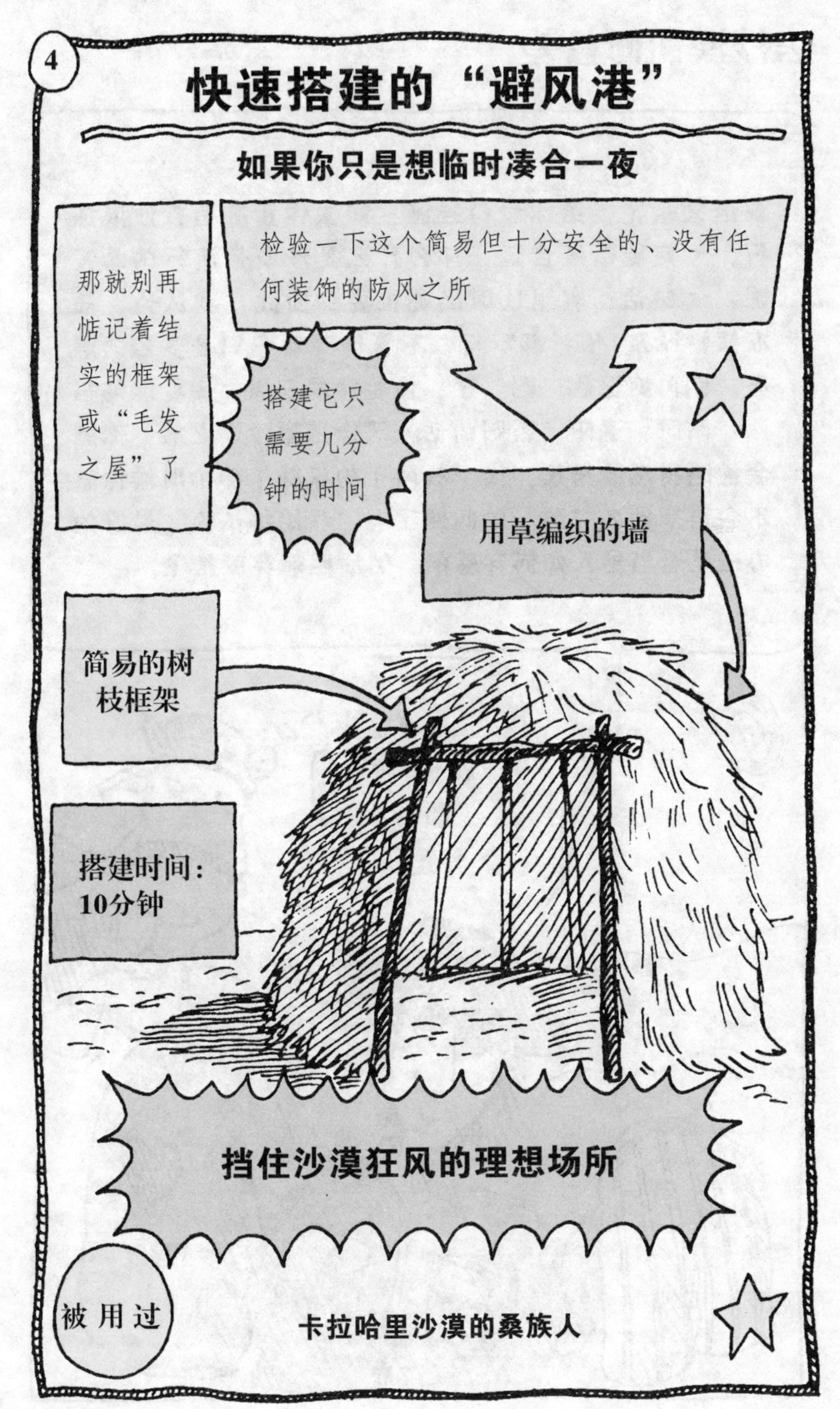
4
快速搭建的“避风港”
如果你只是想临时凑合一夜
那就别再惦记着结实的框架或“毛发之屋”了
检验一下这个简易但十分安全的、没有任何装饰的防风之所
搭建它只需要几分钟的时间
用草编织的墙
简易的树枝框架
搭建时间：10分钟
挡住沙漠狂风的理想场所
被用过
卡拉哈里沙漠的桑族人

去沙漠如何着装

桑迪又来了，给你一句告诫：如果你正准备去沙漠旅行，一定要着装合适。那么什么是沙漠最流行的着装呢？一句话，实用比时尚更重要。因此，我认为，短衣短裤以及T恤衫都不行，不管你穿着它们是多么的漂亮。别再惦记着“酷”了，你要穿的衣服一定要能够挡沙、防风、遮阳。否则的话，等你结束沙漠之旅，你就会被晒得满脸皱纹，像一枚风干的果脯（那个时候你就不会再想什么“酷”的问题了）。我始终认为，最好的办法是看当地人如何穿着的，然后照着穿就是了。

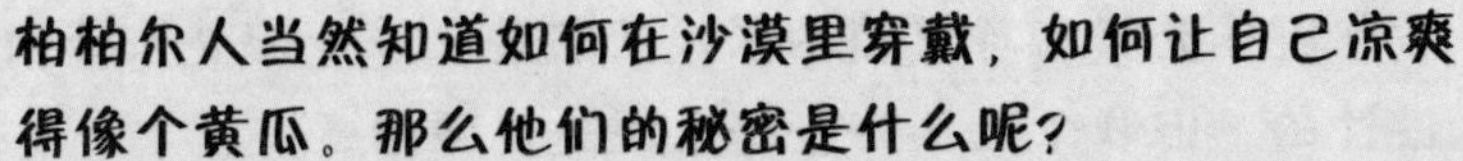
柏柏尔人当然知道如何在沙漠里穿戴，如何让自己凉爽得像个黄瓜。那么他们的秘密是什么呢？

真好！
模特一：柏柏尔牧民
着装：传统装束
得分：10分（沙漠老手）
缠头巾：包裹头及脖子，以防止太阳晒伤
宽松的长袍：一方面防止太阳灼伤，另一方面可以使凉空气在里边流动
蓝色面罩：遮挡脸和嘴，以防沙尘和魔鬼的侵入。柏柏尔人的面罩都染成深蓝色，只有男人才戴它
长棉袍：保护整个身体
皮凉鞋：可以在灼热的沙子上行走

我曾经作为模特穿过柏柏尔人的服装，毕竟那是为他们设计的，但我个人认为看起来还是挺酷的。
模特二：桑迪
着装：时髦的探险者
得分：8分（尽管是自己夸自己，但我还是认为不错）
太阳帽：必备的，如果镶宽边就更好
太阳镜：防止眼睛被辐射
围巾：捂嘴和围脖子
毯子等其他物品：为沙漠寒冷的夜晚准备的
坚实的皮靴：使你的脚不至于烫伤
臭显摆！
宽松长袖衬衣和宽大的裤子：凉爽，棉质地最好

这儿有个穿着不合适的衣着到沙漠探险的例子，难道地理老师什么也不懂吗？
模特三：汤姆金森先生
着装：地理教师
得分：3分（太令人失望了！时髦的真正牺牲者。）
稀薄的头发：太阳帽呢？
花呢外罩：胳膊肘处有点破了
衬衣和领带：吸热的颜色
褐色的小山羊皮皮鞋：那个洞将很快被沙子填满

沙漠里的喝茶习俗

现在对你来说衣服是没问题了，那么该见见当地的人了。一般来说，沙漠里的人是非常好客的，即使是以前从未见过你，他们也会给你提供食物和住处（当然一旦他们对你有了更深的了解，那就另当别论了）。所以，最重要的是不要让他们失望或者是冒犯他们（在沙漠里，你需要交所有能交的朋友）。这儿有一个详细的速成指南，来指导你在柏柏尔人邀请你进他家喝茶时应注意的事项。

你敢和柏柏尔人一道喝茶吗

1. 你来到一个柏柏尔人的营地，穿着随便但举止文雅。先说“你好”，然后同每一个人握手，不要太着急，就好像这个世界上的时间都是属于你的，因为柏柏尔人不喜欢做事匆匆。

2. 递给你一杯香甜的薄荷茶，你一定要迅速喝光并故意发出一些咕嘟咕嘟的声音，以示你喜欢。

3. 再递给你一杯茶，然后是另一杯（顺便说一句，拒绝是非常不礼貌的）。如果3杯打住了，祝贺你，这意味着他们欢迎你留下来。

4. 如果又给你一杯茶（第四杯），说明欢迎你，但不是特别欢迎，到时就该走了。把茶喝掉，然后起来说再见（提醒你要慢慢地），然后再走。

不是所有的沙漠人都像柏柏尔人那样游牧，我的意思是说，你能想象自己老是在不停地搬家吗？如果你确实喜欢沙漠而不愿意离开，为什么不选择一块带阴凉的地方住下来呢？当然你需要水，饮用或浇灌庄稼，但是这里毕竟是沙漠，你到哪儿去弄那些东西？尽管沙漠地表看上去遍布干燥的沙尘，但是在太阳晒烤的地表下面还是有水的（我的意思是说水还是挺多的），你只需要知道到哪儿去找罢了。

当然，要把水弄出地面需要一定的技巧，你可以挖一口井（你需要挖一口深井）。或者是你也可以坐在那里等待水自己渗

出地表并慢慢形成一个肥沃的……绿洲（也可能你需要等待很长的时间——没准儿一万年的时间，水才能自己来到地表）。下面是一块繁茂的绿洲形成的过程：

1. 雨水下到地上（也许绵延数英里），渗进岩石上一些细小的孔隙中，称为蓄水层。它就像一个巨大的岩石海绵（但不是能够在浴室洗澡的那种）。

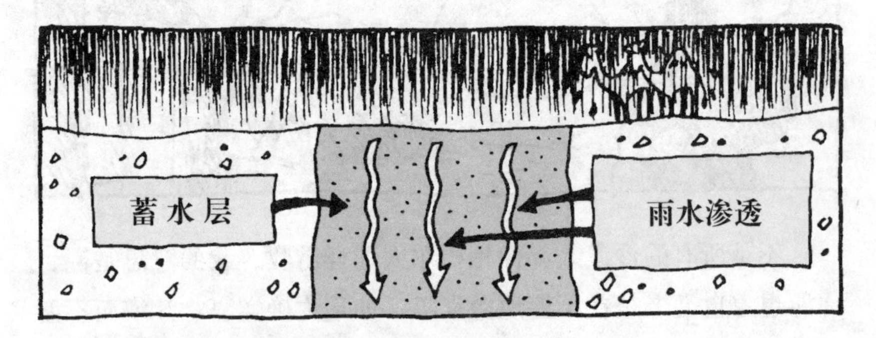

2. 雨水在地下欢快地渗流。

3. 雨水渗流一直到岩石断层不能向前为止，然后被迫渗出地表。

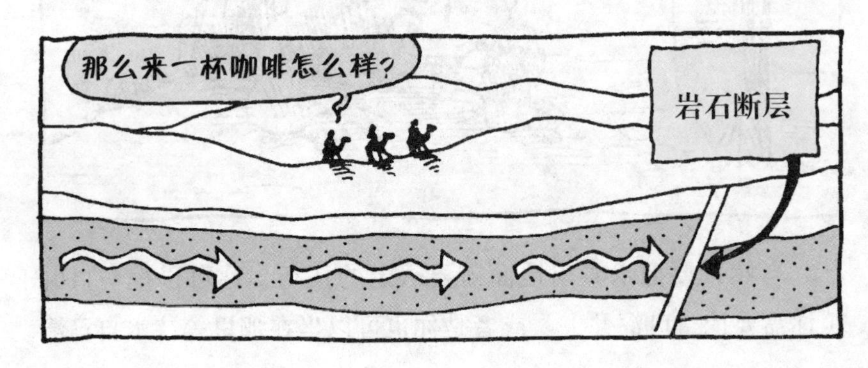

4. 欢迎来到绿洲！

你的园艺技能怎么样？这么多水在这儿，你尽可以种植各种可爱的水果和蔬菜。一开始可以先种一些像杏儿、小麦和葡萄之类的，然后是棕榈树。也许你看不上棕榈树，但是它确实耐寒且用途广泛。你可以直接吃它的果实（椰枣），也可以烹煮它或者晒成干（就像你在圣诞节吃的一样）。你可以把它的树干拿来盖房子，叶子做成篮子，种子作为骆驼的饲料。那么来一盘味道鲜美的棕榈芽儿色拉怎么样？太棒了！

健康提示

在你感到太舒服并定居下来之前，记住：沙漠有时是会欺骗你的眼睛的，有时会使你渴得发疯（见上图）。你的水喝光了，渴得受不了，突然，你发现了前方的绿洲。耶！你认为自己得救了，于是朝着绿洲连滚带爬地跑去。但是越走好像离绿洲越远，因为那个绿洲实际上根本就不存在，那是海市蜃楼，你不疯了才怪！

海市蜃楼是如何发生的

1. 距离地表很近有一层热空气；

2. 它被上面一层冷空气所滞留；

3. 两层冷热空气反射天空中的亮光；

4. 所以你认为前方地平线上出现了一个令人兴奋的水塘。（更讨厌的是，看起来好像还有一些棕榈树的影子。真对不起，光还可以折射出更多的虚幻。）

你能区分出不同吗？

沙漠生存测试

恭喜！恭喜！能走到这一步你还活着，真是了不起！看样子，你是真的找到了在沙漠生活的诀窍。但是你的地理老师怎么办？如果他被困在沙漠里，他能生存下去吗？还是他的冒险感觉完全抛弃了他？做做这个测试，或许能够找到答案。所有的答案都基于当地的沙漠居民是如何应对这些情况的。他们是最了解沙漠情况的，毕竟，他们在你的地理老师出生以前就生活在那里了。那肯定需要很长的时间！

1. 你现在在澳大利亚沙漠里，而且口渴难耐。麻烦是数英里以内没有任何水源。这时，你忽然听到一声青蛙的鸣叫，声音似乎是从地下传来的。

你会不嫌麻烦去找青蛙吗？　　是 / 不是

2. 穷凶极恶的沙尘暴正在撒哈拉沙漠酝酿着，你来不及跑去找避风处，所以你决定原地站着不动，勇敢地面对沙尘暴直到它消退。

你认为这样做对吗？　　是 / 不是

3. 你正与一些桑族的猎手在卡拉哈里沙漠狩猎，在追踪一只羚羊时，忽然发现附近草丛里藏着一只狮子，你不想大声喊，担心狮子很可能听到，追究你的责任。

桑族猎手在这种情况下通常都会以手势发信号，是这样吗？

是 / 不是

4. 你四处寻找可以搭建帐篷的地方，忽然发现了一个河谷，看起来又好又平，而且避风。

但这真是一个安全扎营的地方吗？ 是 / 不是

5. 你的骆驼正在玩一个腐烂了的东西，你向当地驯养骆驼的贝都因人求助。他告诉你向你的骆驼鼻子上吐痰，但是你的骆驼脾气非常不好，没人知道如果你这样做了骆驼会对你怎样。

你敢照着贝都因人说的去做吗？　是 / 不是

6. 可能发生的最坏的情况终于发生了，你的水喝光了，但是还有很长的路要走。你来到一个柏柏尔人的宿营地，想向他们要一些补给。你曾经学过几句当地语言，现在就打算试一试。哪个词是水的意思？Amise一词会不会骗你？　是 / 不是

7. 噢，亲爱的，你碰上的这个天气可不太好。防晒霜用光了，你娇嫩的皮肤不得不开始忍受太阳的灼伤，这里距下一个能够给你提供给养的镇子起码还要走几天的时间，你能用什么替代品吗？把你的皮肤抹上西瓜汁管用吗？　是 / 不是

答案

1. 是。这只青蛙没准儿就能救你的命。在干旱季节，青蛙靠储存在皮肤里的水待在地下，等待下一个雨季的到来。当地的土著人用往地上跺脚的方式骗青蛙鸣叫，因为跺脚的声音对青蛙来说就像是下雨前的雷声。

然后，土著人再根据声音把青蛙挖出来，放到嘴边上使劲地挤挤挤……挤!

2. 不是。在沙尘或沙尘暴来临的时候，最好的办法就是赶紧蜷缩在骆驼身边，捂住脸和嘴，这就是柏柏尔人戴面罩的好处。如果你站起来并试图与之较量一下，那么一阵风就会把你吹跑了，或者是你的脸被沙子蜇得就像蜂窝一样。疼死你。

3. 不是。那是关于鸭子的手势，傻了吧？鸭子吓不着任何人。现在你明白自己错了吧？可能已经太晚了，没准儿你早已成为狮子的午餐了。下面这个手势才是你应该用的。

4. 不是。吸取当地人的教训，千万别把帐篷搭建在河谷里。当时看起来可能很好看，但是一旦下起雨来就不是那么回事了。也就是一分钟的工夫，刚才看上去还漂亮干燥的河谷，转眼就会洪水滔滔。山洪随时都会暴发，地面根本来不及蓄进如此多的水，河谷转瞬就会被淹没。你甚至可能来不及呼救，就被大水冲走了。

5. 是。你的骆驼可能传染瘟疫了，古老的贝都因人医治此病的方法就是把水和骆驼的唾沫混在一起泼到骆驼的鼻子上。你的骆驼一下子就会变成……喔……一只猫咪。但是小心你的骆驼可能会咬你，我的意思是说，如果把唾沫水泼到你的脸上你会怎么样？

6. 不是。你还得试一次，在柏柏尔人的语言里，“amise”是骆驼的意思，水的发音是“aman”。但你首先得保证拿东西去和柏柏尔人换水，千万别空手去，方糖就是不错的礼物（柏柏尔人当然是用它来沏茶了）。

7. 是。不管你信不信，西瓜的效果确实不错，桑族人用它来替代防晒霜。他们把烘烤过的西瓜种子碾碎，然后再捣成糊状，抹在皮肤上以防太阳晒伤，这真是一个很不错的主意。当然这不可避免地会招致昆虫的袭击，特别是一旦它们有一副锐利的牙齿的话……

现在把老师的分数加一加……

每一个正确答案将得一分，他做得怎么样？

0–2分：噢，亲爱的！你老师的脑子被太阳晒糊涂了吧？他的常识怎么如此之差。

3–5分：不错！你的老师还没被烤晕，这就意味着他还没有完全被沙漠困住。但是就像骆驼那讨厌的咀嚼一样，有什么实际意义呢？

6–7分：恭喜！你的老师活下来了！（先别高兴得太早！）为什么不让他进入下一个“沙漠先生竞赛”呢？它每年都在印度的塔尔沙漠举行。你的老师得在5个方面做好准备：

留胡子（越长越卷曲越好）

缠头（逆时针）

公众演说（上次获胜的讲演是“我为什么如此热爱沙漠”）

骆驼赛跑（500米以上）……喔，最后是骆驼时装表演。

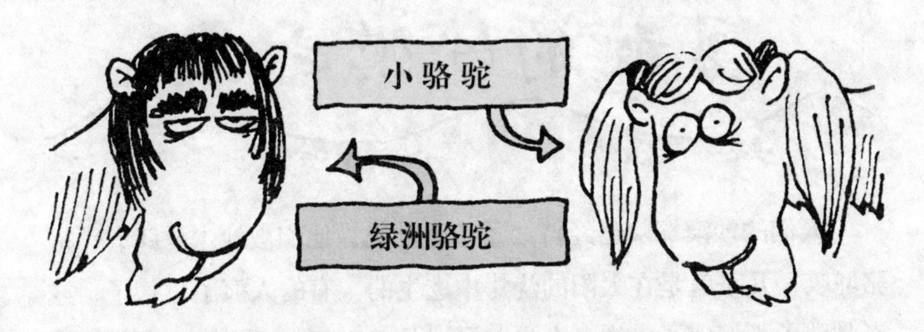

你认为你的老师能够赢得“沙漠先生竞赛”的桂冠吗？

一下子掌握了这么多有关沙漠的常识，该把你的老师武装起来了吧？下面就该盼着老师出发了。别担心，前有车后有辙，他会踏着前人的脚步走的。另外，还有在沙漠住了几个世纪的当地人，以及成百上千等着去看热闹的勇敢的探险者。有些人可能能活着讲故事，有些人可能就再也见不着了。对另外一些人来说，那是出了虎穴又进狼窝。你明白我的意思了吗？

勇敢的沙漠之旅

人们的沙漠探险已经持续了几个世纪，他们被沙尘暴肆虐，被骆驼咬，几乎就是在太阳的烧烤中逃生的。有的人疯了，傻了，或者是脑子不好使了。许多人失踪了，是由于死亡而失踪。那么，他们究竟为什么去探险？他们为什么不好好在家里待着而宁愿到沙漠去冒险？当然有些人是为了钱，他们想开发沙漠并以此赚钱。但也有人什么也不为，什么理由也没有。拿生命冒险在当时就像是一件时髦的事。他们也没什么计划和准备，就像你的老师一样，研究研究当地人的一些经验，然后就模仿他们的做法。当然，这样就使他们生存的概率增加了。去度一个恐怖假日怎么样？

恐怖假日——刺激的撒哈拉沙漠之旅
对普通的乘车旅行厌烦了吧？
由此向前1000千米
讨厌去争论谁该坐最好的卧铺？
雨天长时间坐在屋里烦了吧？

今天就预订你的住处

与骆驼队一起旅行那绝对是不同的风景，但沙漠之旅必须提前预订（最好让你的父母帮你付钱）。向拥挤的车队、潮湿的环境以及交通的拥堵说再见吧！忘掉那狭小拥挤的空间，忘掉那让人烦躁永远也关不上的碗橱。是该离开它们的时候了。躺在星空下豪华的帐篷里，沉浸在古老的廷巴克图的梦幻之中。现在是假日，你尽可以像一个流浪汉一样。

一般来说，一个骆驼队最少有100头骆驼（过去穿越撒哈拉大沙漠的骆驼队最多时可达到1800多头）。

柏柏尔人当带队向导（他们带领骆驼队穿越撒哈拉沙漠已经有几百年的历史了）。

先检验一下要运输的东西（骆驼队载人载物穿越撒哈拉沙漠也有几百年的历史了，物品包括椰枣、食盐以及金子，通常是拉到市场交易。运载的人包括当地商人和大胆的探险者——还记得瑞耐吗？他也加入其中）。

一个顾客满意地说："太棒了！骑骆驼的感觉真好！虽然它也咬了我一两次，但我无论如何也不会再去跟随一般的车队旅行了。"

小提示：骆驼之旅服务是一流的，处处为顾客着想。但是不会有热的淋浴、中央空调或者是电视。如果你确实离不开这些东西，奉劝你参加我们最新的豪华之旅，很快你就会有沙发坐了。

沙漠情报

沙漠名称：澳大利亚沙漠

沙漠位置：澳大利亚

沙漠面积：380万平方千米

沙漠温度：夏季最高53摄氏度，冬季最冷零下4摄氏度

年降雨量：低于100毫米

沙漠类型：高气压、雨影型沙漠

相关资料：

▶ 澳大利亚国土的2/3面积是沙漠；

▶ 这些沙漠是由辛普森、桑迪、维克多利亚以及塔纳米沙漠等组成；

▶ Uluru是一种被风化了的红色岩石，被当地土著居民奉为神物；

▶ 最大的沙漠湖泊是艾尔湖，它第一次被记录是在1950年。

骑骆驼穿越澳大利亚

撒哈拉沙漠并不是唯一方便使用骆驼的沙漠。1860年，两名勇敢的探险者罗伯特·伯克和威廉姆·威尔斯从南出发往北穿越澳大利亚，那是迄今为止最勇敢的探险之一。多少年来，人们一直想弄清楚澳大利亚中部到底有什么。根据传言，要么是一个巨大的内陆湖，要么是一个巨大的像木乃伊那样干透、酷热的沙漠。（事实证明，后者是对的，只要人们打听一下在当地居住了上千年的土著人就知道了。他们了解沙漠里的一切，他们知道应该去哪里寻找珍贵的食物和水。）不管怎么说，就因为那里是沙漠，他们就带了一些骆驼同行。

1860年8月20日，澳大利亚的墨尔本

1860年8月20日，当伯克和威尔斯从墨尔本出发时，骆驼成了当地小镇的话题。前来欢送的人群似乎从未见过这些奇怪的东西，一些看热闹的人甚至尖叫起来，还有一些人有点害怕，但大多数人只是站在那里观光。这些骆驼是为了此次远征特意从印度带来的，没想到在当地引起了轰动。

此次远征筹划了几个月，是澳大利亚历史上规模最大也是开销最多的一次探险活动，困难是前所未有的。伯克人很勇敢，长得也很迷人，但他的脾气实在是太糟糕了，什么事都能让他发火。（私下里说，身为布尔什维克的伯克之所以申请这项工作是因为爱情方面不如意，抑或是巨额奖金？）

更糟糕的是，伯克从未有过探险的经历（他以前曾经是一名警察），也没有在野外宿营的经验，他甚至认为没有必要向当地人求助。而另一方面，威尔斯却说话细腻、为人忠诚可靠，与每个人关系处理得都很好。

事情进展的还算顺利，就在要上路的几个星期前，伯克解雇了他的副手，把这份工作给了威尔斯。

没有太多的时间了，他们不是唯一筹划这次探险的。伟大的探险家约翰·斯图尔特早已从阿德拉德出发了，比他们提前了几个月。但是伯克绝不想当第二名——从未想过。除了他的刚愎自用和暴躁脾气以外，他还是个性子很急的人。他们成功了吗？他们发现了什么？伯克最终是否放下架子去求助于当地土著人？除了威尔斯的远征日记以外，恐怕再也没有人能够给我们提供答案了。（实际上他的日记并非真如本书所述，但是它确实给我们提供了关于这次倒霉的旅程的细节。）

探险日志

威廉姆·约翰·威尔斯

1860年10月15日，麦宁帝

我们在麦宁帝好好地休息了一下，简直都快要累死了。我担心自从离开墨尔本以后，行进的速度一直太慢，似乎是行李太多了（如果你想知道都有什么，我就给你列举一下——有食物、枪、钓鱼器具、骆驼靴、帐篷、宿营床以及书等），所以马车老是陷在泥里出不来。

（迄今为止还没有见到沙漠在哪里，旅程的第一部分基本上是在大雨中通过泥浆般的农田！）那些讨厌的骆驼也在不停地惊吓马匹。

麦宁帝是个非常破烂的地方，伯克先生不打算在这里耽搁的时间过长。我不是抱怨他，但麻烦的是夏季已经来临，天气热得无法继续前行。不管怎么说，伯克先生决定我们部分人（包括伯克先生、“国王”、布拉赫、格雷、莱特以及我自己）先携带部分骆驼和马匹继续向库珀克里克进发。其余的人和物将随后前往——我们希望如此。

（注：在澳大利亚，季节与北半球是相反的。）

1860年11月11日，库珀克里克

感谢上帝！我真不敢相信我们最终能够到达库珀克里克。其实只有650千米的路程。莱特已经回麦宁帝接其他人去了，其余的人累得一点儿也不想动了。记得有人曾经警告过我们夏天不要长途跋涉，看样子是对的，酷热简直是太可怕了。

第一眼看上去，这个地方真的不错，有清凉的河水，还有许多美丽成荫的桉树。到处都是鸟和鱼，简直就像天堂一样！但即便是这样，看起来我们还是到了沙漠的边缘。我们甚至想……但是我们得把东西都挂到树枝上。

为什么？因为到处都是老鼠（我讨厌老鼠），它们会把这些东西都吃光的。哦，我忘了说了，即使是在树荫下，气温也达到了43摄氏度。我觉得自己都被煮沸了。我真不敢想象自己还能有这样的经历，现在我们所能做的就是等待莱特先生的返回。

1860年12月15日，库珀克里克

我担心我们还得继续留在这里。莱特一去不回，伯克先生已经坐卧不宁了。他肯定又想起斯图尔特了。我们（伯克先生、"国王"、格雷和我）打算明天就走，向此次旅途的最北端卡平塔里亚湾猛冲。

我其实真的不想去（千万别告诉其他人），到那里来回是2400多千米，你知道吗？我们一整天都在不停地走，双脚都打满了水泡。我们牵着伯克先生的马和6匹骆驼，但是它们不让我们骑乘，真是倒霉透了。它们是专用来驮运食物（马肉干）和水的。我们得自己扛着枪和铺盖，我们没有带帐篷。很显然，在沙漠里你不需要帐篷！

伯克先生告诉其他人3个月内我们将返回，让他们在此等待。真难得，我们当中居然还有这么乐观的人。

1861年2月11日，卡平塔里亚湾（边缘）

我们终于到了！这真是一次可怕的旅程，我甚至不敢相信我还能在这里写日记。我们每天走啊走啊，每天都要走11个小时，顶着灼热的阳光，闯过漫天的苍蝇群和令人窒息的沙尘暴。我现在才真正体会到什么是真正的沙漠气候。（你可以想象，即使骆驼也受不了这些。）我们所能吃的就是一点点我提到过的时间已经很长的马肉干和一点点水煮植物（就是那个叫做半枝莲的东西）。什么时候能吃到带着酱汁儿的排骨啊。

进入1月份，雨季又来了，遍地都是泥泞。我们一般都是在晚上出发，尽管辨别方向有点困难，但那会儿毕竟相对凉快一些。今天，伯克先生和我想到海边去一趟，只有几千米的路程，但是你不知道，讨厌的红树林沼泽地迫使我们又退了回来。真让人扫兴！然而就像伯克先生说的，毕竟我们比那个傻瓜（伯克先生总是这么称呼斯图尔特）到达的更远。

1861年4月17日，鬼知道什么地方

真是倒霉的一天！几天来格雷一直抱怨身体不舒服，但是我们大家都认为他是装的（主要是认为他不想拿自己的铺盖卷）。我的意思是说大家都累得不行了，也都饿得前心贴后背，不只是他自己。但没想到的是他竟然……死了！

由于大家都太虚弱了，所以掩埋格雷几乎用了一天的时间。从海边往回返的路程简直就像是一场噩梦，雨一直下着，一刻都没停过，由于没带帐篷，我们只得在雨中过夜。食物吃光了，衣服也成了缕缕碎片，我们千方百计想抓一条蛇来填肚子（我担心4匹骆驼都不一定够吃）。真不知道像这样的日子还要挨多久……

1861年4月21日，库珀克里克

今天晚上当我们最终返回营地时，我高兴得差一点叫了起来。但是我高兴得太早了点，没想到其他人早已离开此地，走了！营地空无一人，所留下的只是一张钉在树上的纸条，告诉我们应该到哪里去挖东西。没有办法，我们只好照着纸条说的去做，除此以外我们还能做什么呢？

我们最终挖出了一个用盒子装的够一个月吃的食物，以及布拉赫写的潦草的字条。你相信吗？他们竟然是今天早晨离开的，就在几个小时之前！

布拉赫回麦宁帝去了，谁能责备他什么呢？他整整等了我们4个月的时间。由于大家都太累了，实在是没法追赶他了。我们打算明天出发去无望山，去找那里的警察求救，因为这是目前我们所能做的唯一一件事了。

1861年6月27日，库珀克里克

真是太可怕了，我们不能再走了，几天来我们迷了路，来回地转圈，走不出去了。所有的食物和水都吃光喝光了，身边只剩下了一匹骆驼。（另一匹陷在泥沼里出不来，只好把它击毙了。）事情看起来真的是陷入了绝境。一些友善的当地人给了我们一点鱼吃，他们也没有更多富

余的食物，随后他们又上路了。我不是抱怨他们，如果在这之前求助于人家，或许情况就不会这么糟糕了。我已经给我父亲写了一封信，告诉他所发生的一切，这也许是最后一封信了。除非我们很快获救，否则就要饿死了……

签字：W.J.威尔斯

悲伤的结尾

如果你很容易伤感，那么就先把下面这段跳过去，或者准备好一条手绢。

两天以后，伯克和“国王”最后一次离开营地，去寻求帮助。但是勇敢的老伯克饿死在路上，当“国王”回到营地时，发现威尔斯也死去了。一些当地土著人由于同情“国王”而使其得以生还，他们一起生活了3个月。当“国王”最终获救时，已经衣衫褴褛，饿得快要发狂了。威尔斯的日志（真正的日志）是在他的骨骸旁边找到的。

这真是一个悲剧的结尾，如果英雄伯克和威尔斯能够提前8个小时到达库珀克里克，本来这一切是可以避免发生的。

沙漠探险奖

咳……为了鼓励……咳……《每日全球》的读者投票选出了最佳沙漠探险者。欢迎参加探险奥斯卡最佳颁奖仪式，下面由桑迪宣布投票结果。

最无畏的探险者（男性）

亚 军

德国地理学家和探险家亨里克·巴斯（1821—1865）在撒哈拉沙漠里生活了5年，其中有6个月是在廷巴克图跟当地人学习沙漠生存技艺。由于好长时间没有亨里克的消息，人们都以为他死了，他的讣告都在报纸上登出来了。但是1855年8月，他又精神矍铄地从沙漠里出来了，还携带了大量的笔记。遗憾的是他不太受欢迎，大家对他的复出根本就不予以重视。

冠军是……

1886年英国士兵兼探险家弗朗西斯·扬哈斯班德（1863—1942）成功地穿越了戈壁沙漠，他的全部人马和物品只有1名向导、2名挑夫、8匹骆驼和一大堆雪莉酒。

好一条硬汉！70天竟然走了2000多千米。这是真的吗？当然是真的！经过4天的休整后，勇敢的弗朗西斯又出发了，他这次的目的地是塔克拉玛干沙漠，肯定又是一次精彩的“演出”。

最勇敢的探险者（女性）

亚 军

英国探险家兼作家哥特露德·贝尔在名单上名列第二。漂亮的哥特露德放弃了伦敦和欧洲上层社会的优雅生活，毅然走进阿拉伯沙漠。当然，习惯是难以改变的，即使是在沙漠里，哥特露德仍保持着淑女的仪态。她总是服装整洁、衣帽干净，吃饭的时候讲究饭桌上必须有银制的餐具。

冠军是……

米尔德莉德·凯波儿、伊娃·弗兰池以及弗朗塞斯卡·弗兰池共同分享了今年的最高奖项。清闲优雅的家庭生活方式与这3位勇敢的女性无缘，她们曾作为传教士在中国工作多年，并于1926年成功地穿越了戈壁沙漠，她们探险的全部家当只有1匹骡车、2个平底锅、1个面包罐、2个水罐以及1只烤炉。

从那以后，我们的英雄们又回到了英国，退休在家，着手撰写她们具有传奇色彩的传记，详细描述她们非凡经历中的所见所闻。

能够活下来的最幸运者（包括每一个项目）

亚 军

1894年，斯威德·斯文·海丁（1865—1952）打算要穿越塔克拉玛干沙漠，当地居民劝他不要去，可他坚持己见。

斯威德最后终于成行，但差一点就渴死在途中。当时的水喝光了，可还剩下好几天的路程要走，他是靠着饮鸡血才得以活命的（本来这些鸡是他带来当食物的）。后来，他曾在美国做过一场关于“死亡之旅”的讲座，听众们在他的讲座影响下均感口渴难耐，纷纷出逃找水喝去了！

冠军是……

这是一个众望所归的决定。澳大利亚人查理斯·斯图亚特（1795—1869）于1844年独自一人深入到澳大利亚中部的无人区探险。对他非常不利的是当时正值酷暑，所有的水坑都枯竭了，而他又得了坏血病，眼睛几乎失明，人也几乎走不动了。两年以后，当他终于回家时，妻子一见到他便昏了过去，她一直以为自己的丈夫早已不在人世了。

现代探险

是不是感到坐不住了？是不是在家里待得够烦了？如果上述让你有了想冒险的冲动的话，为什么不自己到沙漠里去探探险呢？

如果骆驼抵不上你的一杯茶，那么还有好多其他的旅行方式。你可以乘小汽车、卡车或者说摩托车，不管哪一种，你都会有许多的伙伴儿。每年都有100名不怕死的车手参加危险的巴黎—达喀尔汽车拉力赛，穿越火炉般的撒哈拉大沙漠。沙漠行程差不多要3天时间，在这里没有直路可走，也没有随处可见的路标指示牌告诉你如何通过沙丘，你只能依靠卫星定位仪。即使有卫星定位仪的指引，还是经常容易走错路，简直是太容易了。尽管赛前都经过系统的训练并且有正式的旅行指南，但还是有许多的车手可怕地失踪了。

如果这些你还觉得不够刺激的话，那么报名参加沙漠马拉松比赛怎么样？如果你想知道这是什么意思的话，看看下一页桑迪是怎么说的吧。先警告你一下：这可不是一般的力气活，心脏不好的千万别逞能！真的能使人极度疲劳吗？是的，千真万确！你在沙子上跑过步没有？在那里你永远都甭想踏踏实实、脚踏实地地跑，每一步都将是塌陷和倾斜。

他肯定是在埋藏什么骨头呢！

你得在撒哈拉大沙漠里分6个阶段跑完225千米。对你来说的好消息是可以有6天时间来跑完全程，而不好的消息是必须冒着58摄氏度的酷热高温。另外，你还得背负重达10千克的背包（相当于10袋糖的分量），里面有必需的食物、水和睡觉用品。穿的鞋也要比平时的大两个号，因为在如此炎热的天气下奔走在沙漠里脚不肿胀才怪呢（别忘了，脱鞋的时候一定要用手捂住鼻子哟），更甭说打水泡了。怎么样？还想去吗？

哇！他的脚肯定是肿了！

沙漠马拉松听上去不错，可千万别因为有了一个漂亮的名称，就让它把你给蒙了——那其实一点也改变不了现实。你也别想私下搞点小动作提前出发，因为行程和路线只是在出发的前一天夜里才通知你。给我一匹骆驼，什么时候都行！
多好的词！

你肯定不知道！

你知道最新的沙漠运输工具是什么吗？不知道？那么试试把眼光再放远点。放多远？放到外层空间去。美国“阿波罗号”上的宇航员已经在月亮上驾驶“月球车”来探测月球了。那么在此之前他们是在哪里做的试验呢？当然是在加利福尼亚的沙漠上，因为那里是与月球上地形最接近的地方。

如果你非要去沙漠不可，一定要找个伴，千万别自己去，否则出了事连个求救的人都找不着。如果能找一个当地的向导那是再好不过的了，跟他们在一起肯定会安全得多。怎么？改变主意了吗？好吧，让我告诉你，我很高兴你改变了主意，因为在那样炎热的地方做那些没有结果的事情确实没有什么意义。为什么不好好利用这些时间掌握一些有关沙漠的有用知识？那才是真正对你有帮助的。

沙漠宝藏

沙漠究竟有什么用呢？你可能从来就没有想过。我的意思是说，沙漠只是一堆没用的、陈旧的岩石碎成的沙子，是不是？其实表面上的东西往往具有欺骗性，如果你用手实地抓一下沙漠的地表，可能会有不同的发现，埋藏在沙子底下的很可能是一些非常有用的沙漠“特产”，问题是你在哪里能够找到它们。这里有5样东西你可能想不到沙漠里会有：

1. 维持生命之盐。撒在土豆片上的盐不仅仅是调味用的，它更可以维持你的生命。这是真的！不管你相不相信，要想维持生命，你的身体每天需要8勺盐，只有这样才能保持肌体的正常运作。正常情况下，你需要的大部分盐都可以从所吃的食物里得到补充。但是在酷热难耐的沙漠里，每当出汗你都会失掉许多的盐分，幸运的是，你的周围有大量的盐。盐埋在地下已经有上千年的历史，下面就说一下盐形成的过程：

- 急骤的暴雨填满了干涸的河床；
- 雨水把盐从土壤里汲取出来（沙漠里的土壤是很咸的）；
- 然后雨水被太阳蒸发……
- ……留下了一层厚厚的维持生命之盐；
- 矿工们用长长的撬棍撬开巨大的盐块，然后再把它们切成小块；

▶ 盐块卖给商人，商人再把它们用骆驼运出沙漠……

▶ ……运到一个特殊的贩盐市场，在这里把盐卖掉或者交换茶叶、糖或金子。

如果你觉得这样太烦琐，可以找一个更轻松点的方式。简单地说，化一杯盐水，喝掉它就是了（一定要快点喝，否则味道是很可怕的）。

2. 丰富的石油。石油是沙漠里最有价值的物产，地下的储藏量大得惊人。它们到底是怎么产生的呢？让我来告诉你吧，几百万年以前，沙漠地区是被沼泽森林和大海覆盖着的。

当那些动植物死了以后，它们的躯体腐烂并被埋在岩层以下，受到挤压而最终形成厚厚的油层。怎么样，有意思吧？但是要把它们弄出地面可不容易，你得挖掘很深很深才能得到它们。

然后把它们从地下抽出来，经沙漠中的石油管道输送到炼油厂。全世界大约1/4的石油是来自灼热似火的阿拉伯沙漠……

沙漠情报

沙漠名称：阿拉伯沙漠

地理位置：中东地区

沙漠面积：260万平方千米

沙漠温度：夏天最高达54摄氏度，冬天最冷达零下3摄氏度。

年降雨量：不足100毫米

沙漠类型：高气压沙漠

相关资料：

▶ 首次开采石油是在20世纪30年代，它使沙特阿拉伯等国家迅速富起来；

▶ 一种被称为沙冒斯的飓风每年刮两次，卷走成吨的尘土和沙子；

▶ 1950年气温一度下降到零下12摄氏度，降雪达数厘米厚，还伴有冰冻。真不得了！

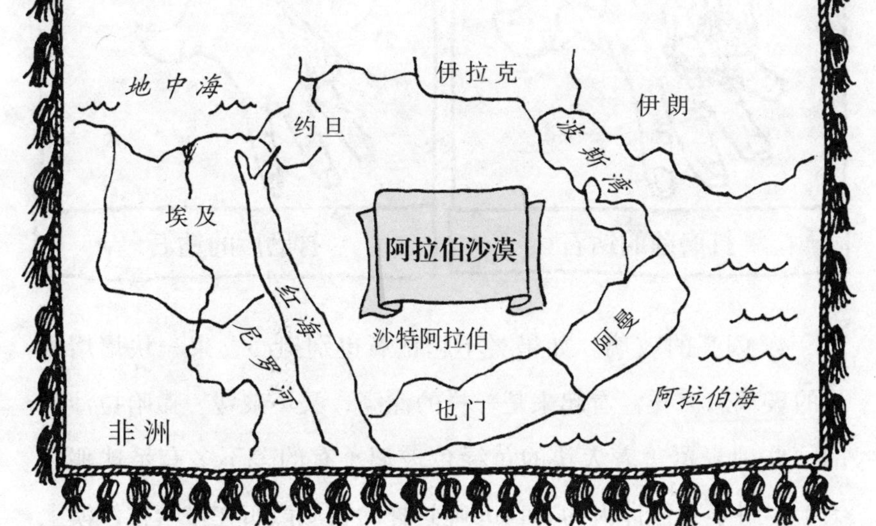

3. 灿烂的钻石。你可能会奇怪，沙漠里有钻石吗？听上去不像真的？不相信，自己去纳米比沙漠看一看呀。就在那些不断移动的沙丘底下蕴藏着许许多多令人炫目的钻石。它们形成于上千万年以前，起因是当时火山爆发的强烈热度使岩层中的碳发生了化学变化，当温度降下来以后就形成了钻石。这是千真万确的，几千万年以前的沙漠和现在是迥然不同的。当然，原始的钻石看上去并非那么耀眼夺目，它们被埋藏在成吨的砾石和沙尘里，先是被挖出来运到加工厂，然后在那里再通过各种程序把形形色色漂亮的宝石筛选出来。但沙漠里绝不仅仅只有钻石，金、银、蛋白石、铜以及铁等各种各样的东西都能在沙漠里找到。

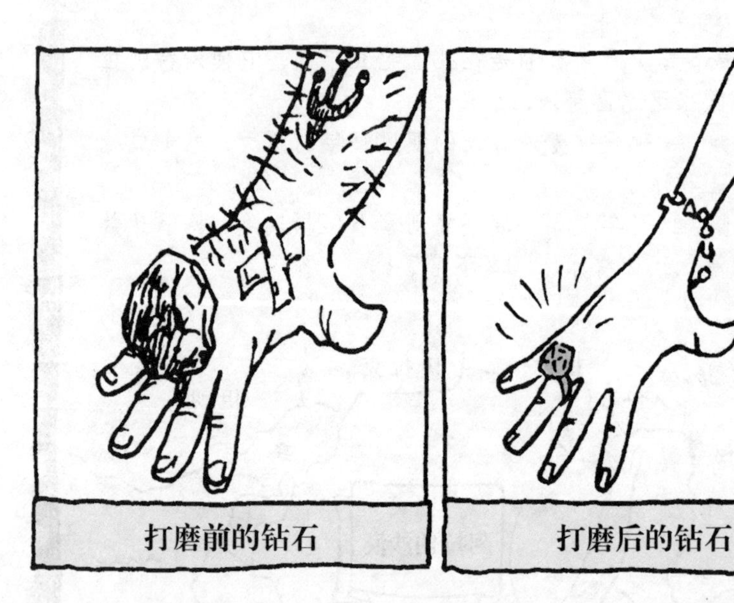

4. 闪亮的玻璃。如果买不起钻石也别担心，来一块熠熠闪光的玻璃怎么样？看起来是一样的漂亮，又不破费。撒哈拉沙漠的一些地表覆盖着大块的黄绿色玻璃（有的差不多有足球那么大），科学家估计大约有1400吨这样的物质散布在撒哈拉沙漠上

（当然微小的颗粒也算在内）。但是这些玻璃究竟是从哪儿来的呢？一种理论认为，几百万年前一块巨大的陨石坠落地球，熔化了成百吨的沙子，冷却以后就变成了固体的玻璃。听起来好像挺有道理的，是不是？

5. 便宜经济的电源。有一件事你可能没注意到，沙漠里拥有最多的是阳光，你的脸几乎一天都沉浸在阳光里，它确实让人感到很热，但同时它也非常有用。怎么会？当然会了。在太阳能发电站，阳光照射到太阳能电池上（比如你的太阳能计算器里的那个），然后再转化为电。而电可以用来抽地下水，并且把水加热后输送到千家万户。特别是用太阳能发的电不仅价钱便宜，干净而且用不完。世界上最大的太阳能发电站在加利福尼亚的墨加夫沙漠。

你肯定不知道！

如果你追求艺术，那么到沙漠来吧。秘鲁纳兹卡沙漠的地表绘有大量的条格图形和动物图案，大约是在5000年前完成的（图案非常巨大，要想看得更清楚，最好站在山顶上）。没人知道为什么会有这些图案。一些专家猜测这是一种巨大的占星术图表，是用来预测未来的；另外一些专家则认为这是外星人驾驶飞船起降的跑道。神秘吧！

你的沙漠有多绿

荒废的沙漠可能是最后一块可望找到绿地的地方。农民们在沙漠里种植庄稼已经有上千年的历史了，但是如何把十分干燥的沙漠改造成肥沃的良田呢（漂亮的词汇称它为灌溉）？答案是……你肯定已经猜到了，对了，就是水！大量的水！但对于沙漠来说，显然说起来比做起来更容易。假如你是一个沙漠农民，你又如何来灌溉你的田地呢？先确定一下你的最佳方案，然后对比一下后面的答案。下面就由桑迪来教你如何做吧。

1. 先挖一个“卡那特”。“卡那特”是由人工在地下挖的一条水渠，下面介绍一下它是如何工作的：

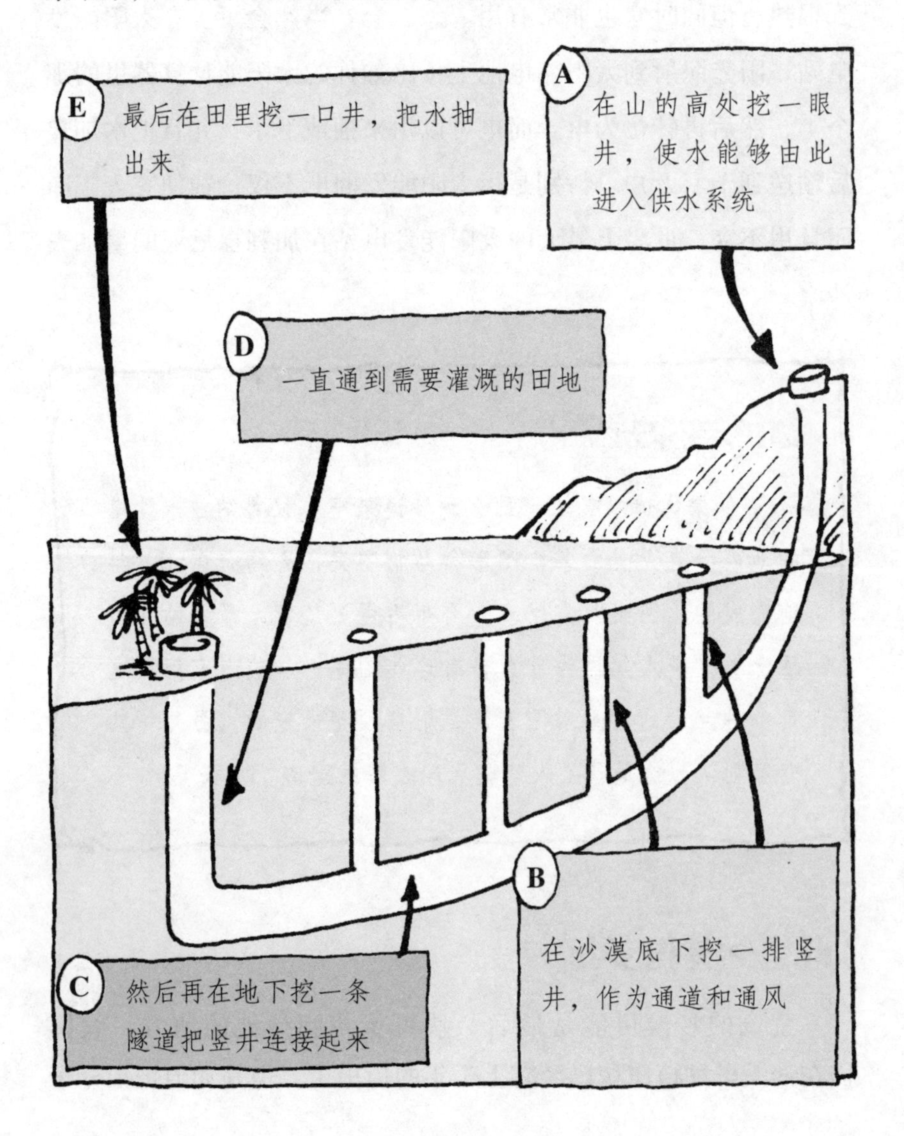

A
在山的高处挖一眼井，使水能够由此进入供水系统
B
在沙漠底下挖一排竖井，作为通道和通风
C
然后再在地下挖一条隧道把竖井连接起来
D
一直通到需要灌溉的田地
E
最后在田里挖一口井，把水抽出来

2. 垒一堵墙。以色列的纳吉夫沙漠很少降雨（它的名字实际上就是干旱的意思），所以农民们不得不最大限度地保护哪怕是一丁点儿水源。他们在田野的四周垒上石头墙，以防止水渠里的水流失。

3. 田野上覆盖塑料布。同样在以色列的纳吉夫沙漠，有时你会看到田野上到处都覆盖着塑料布！这是真的！你的脑子没有出问题，这些塑料布是为了保持植物的水分。

4. 使用巨大的洒水装置。在利比亚的撒哈拉沙漠，农民先把水从地下抽出来，然后再使用巨大的旋转式洒水装置灌溉农田。这种洒水装置固定在一个长臂上，就像钟表的指针一样自动旋转洒水。滴答，滴答。

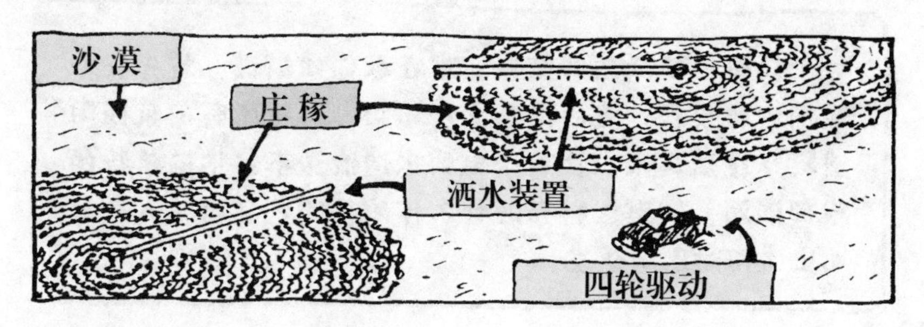

如果你选择这个，肯定有许多人跟你的看法一致。这真是一个聪明的灌溉方式，古老的波斯人在7000年前就已经开始使用这种方法了。你想知道它的好处吗？因为水是在地下流动，所以它既蒸发不了，还保持了水的冰凉。爽吧？事实上，卡纳茨人真的非常聪明，这种方法至今还在不少国家使用着。

另一个经过实验的方法。我总是说，老的东西经常是最好的东西。这个方法首次被提出来大约在2000年以前，最近由于人们渴望把沙漠变成绿洲，便再次被农民提了出来。没想到它是如此成功，竟然使沙漠里长出了樱桃、杏、小麦和土豆。

一个简单但却成功的结果。现在教你如何做，首先在地表铺一根长管，然后沿着它种植物，再把所有的东西用塑料布覆盖起来。让管子里的水边流边不停地向植物的根部滴灌，知道塑料布起什么作用了吧？它可以有效地防止太阳对水的蒸发。

明智的选择。别再提长水管或者水罐什么的了，来试试农民发明的这种真正精巧的洒水装置吧，它能有效地灌溉半英里宽的麦田。它们看上去就像沙漠里一个巨大的绿色茶碟。这种装置完全是由计算机控制的。

那么选选看，到底哪个最好？实际上，所有这些方法都在被使用着。好了，现在沙漠变成良田了，这里可以给你提供一些可以种植的东西……

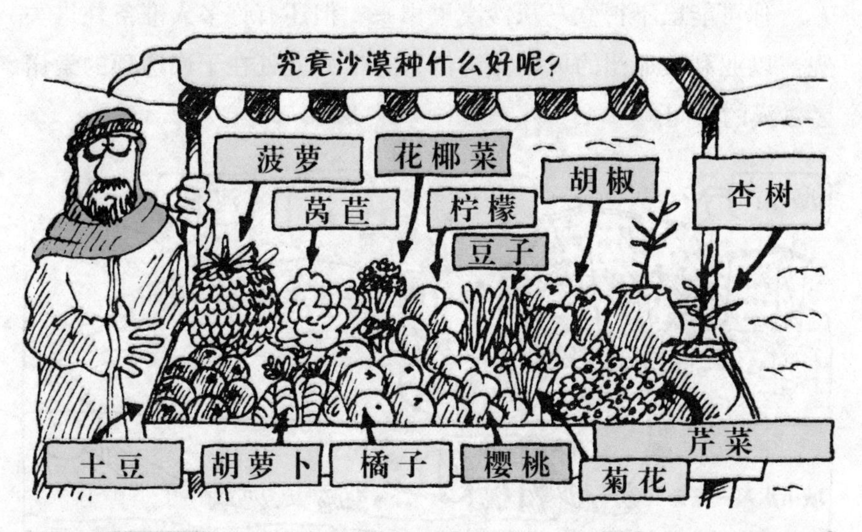

你肯定不知道！

你知道“树上长不出钱来”这句谚语吗？是的，树上是长不出钱来，但是树上却可以长出塑料来。绝对不骗你！这全归功于沙漠上的一种野花（这么说，它并非完全意义上的树）。它的汁液可以转化成塑料，用来制作像玩具、鞋以及汽车部件等物品。值不值得种它一两块地？

沙漠城镇

想不想住到一个阳光充足、空气清新、宽阔敞亮的地方？住到沙漠里怎么样？

你可能巴不得立马从沙漠里出来，但还有许多人准备住进去呢。以亚利桑那州的凤凰城为例，它恰好就处在干燥透顶的索诺兰沙漠的中间。

在美国和澳大利亚，沙漠里的城市就像雨后春笋般地发展起来。要想保持一个城市的正常运转，一年最少需要760亿加仑的水。这简直是不可想象的。那么这么多的水是从哪里来呢？一些城市从地下抽水，另外一些城市则通过管道从遥远的河流里输送水。

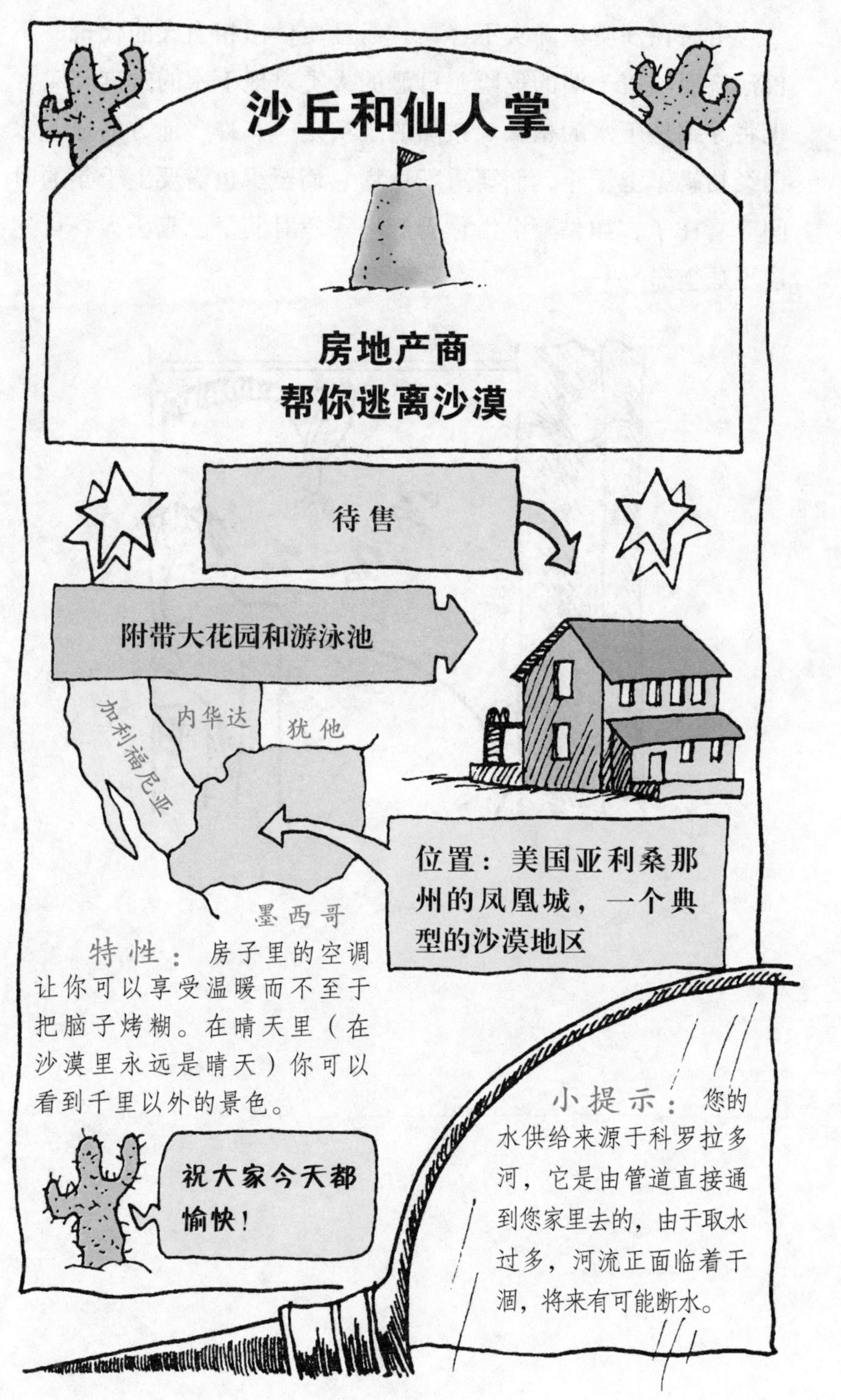
沙丘和仙人掌
房地产商
帮你逃离沙漠
待售
附带大花园和游泳池
加利福尼亚
内华达
犹他
墨西哥
位置：美国亚利桑那州的凤凰城，一个典型的沙漠地区
特性：房子里的空调让你可以享受温暖而不至于把脑子烤糊。在晴天里（在沙漠里永远是晴天）你可以看到千里以外的景色。
祝大家今天都愉快！
小提示：您的水供给来源于科罗拉多河，它是由管道直接通到您家里去的，由于取水过多，河流正面临着干涸，将来有可能断水。

生活在沙漠里确实不容易，而且要付出相当大的代价，不仅河流面临着干涸的危险，可恶的人类对地下水的过度开采，也将导致地下水的枯竭。残酷的现实是，有许多地方的地下水已经枯竭了上千年，而要重新填满它们至少也需要上千年的时间。看样子，如果要淋浴你得等上一段时间了。真丢人！可这还不是全部……

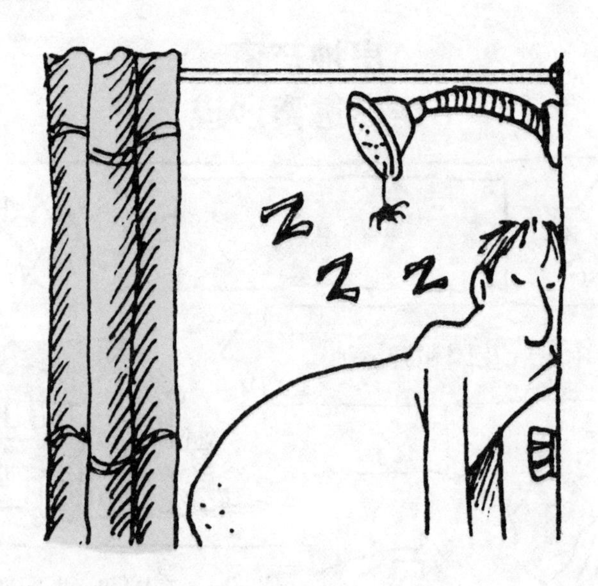

把水用光用尽对沙漠来说只是灾难之一，而实际上沙漠正面临着更大的危险——它们似乎正在蔓延！对于整个世界来说，沙漠的面积正在不断地扩大。你可能认为这算不上什么大问题，我的意思是说沙漠多一点少一点有多大的不同呢？确实，对于沙漠本身来说这不算什么问题。但是对于世界上那些居住在沙漠边缘的人们来说，那可就是个致命的问题了。把沙漠改造成良田绝对是一个耗费巨大的工程，许多人不得不居住在沙漠的边缘地区，生活对他们来说很不容易，而一旦沙漠面积扩大，把土地变成无用的沙尘，他们到哪儿去种庄稼？没有庄稼就意味着没有食物，那可真就意味着灾难了。

致命的沙漠化

为什么沙漠的面积不断地扩大，到底是什么原因导致的？即

“沙漠蔓延”一词不太好听，是吧？
是的，确实不好听。从专业的角度说，讨厌的地理学家们把它称为“沙漠化”。我知道这样说很枯燥，但你知道意思就行了。他们也同意实际上就是沙漠是如何形成的。到现在为止，一切还都不错。提醒你一句，他们似乎从来都没有与大家意见一致过。

使是那些讨厌的地理学家也不愿意看到沙漠变成这样。走，问问桑迪去，看看能不能找到一些答案……

我明白了，那么到底是怎样发生的呢？

多数地理学家都认为事情的发展是这样的，不是以这种方式就是那种方式。沙漠边缘的土地变成沙尘以后很容易被风吹走，或者被偶降的暴风雨冲走。

这可以自然发生吗？

当然可以。地球围绕太阳转的轨道发生任何一点变化都足以改变地球的气候，一旦比正常情况下风更大，更干燥，那么就要有麻烦了。土地干透以后就变成了尘土，结果自然就不用说了。

是人类使情况更加糟糕的吗？

很不幸，情况确实如此。人们不停地使用土地，从不给它们任何休养生息的机会，同时，大量的绵羊和山羊把地表的草啃光了，大量的树木被砍伐，用作烧柴。

那么这究竟是怎样导致了沙漠的形成呢？
是这样的，庄稼把土壤里的精华都汲取了，只留下了干旱和死亡。明白吗？缺少了植物根系对土壤的固定作用，土壤很容易就流失了；同样，水只能把土壤冲走，而不可能被吸收。欢迎到沙漠来。

所以人类应该受到谴责，是吗？
是，也不是。事情是这样的，人们种庄稼是为了生产食物，否则他们就得饿死。但是，人口的迅猛增长使土地不堪重负。但问题是，一旦土地变成沙漠，人们还得挨饿。这真是一个恶性循环。

现在有多少新形成的沙漠？
一些地理学家认为地球上平均每天有100平方千米的土地正在变成沙尘，给差不多9亿人口带来了灾难，几乎占全球人口的1/6。

哎呀！那么哪些地方现在最危险呢？
我想这是一个全球性的问题。但是非洲的部分地区，特别是撒哈拉沙漠南部一个叫做萨海尔的地方，确实已经在危险的边缘上。从这个意义上说，人类的活动以及自然的力量共同造就了这场巨大悲剧。

1984—1985年，非洲的萨海尔

1984—1985年，萨海尔遭受了非洲地区最严重的干旱，平时这个地方雨水就很少，而这一年则滴雨未下。由于缺水，土地迅速地沙化，当地农民悲伤地看着他们亲手种的庄稼慢慢地枯萎、死亡。

他们什么也做不了，而随之而来的是更大的灾难。由于没有了食物，人们在饥饿中开始大量地死亡。那一年的饥荒加上疾病流行，最终死亡的人数几乎达到了100万。仅在埃塞俄比亚一国饿

死的牲畜就占当时全国总数的一半以上。当时整个地区的人们都被迫背井离乡，去寻找新的水源和食物。上百万人最后被迫住在为帮助他们而临时搭建的难民营里，这些人已经无家可归，最惨的是没有人知道这种情形何时能够结束。萨海尔是海岸的意思，但绝不是你知道的那种海岸。它指的是巨大的撒哈拉沙漠南部的边缘地带。萨海尔西起非洲西海岸的塞内加尔和毛里求斯，东至苏丹和埃塞俄比亚，横跨500千米，大约覆盖了1/5的非洲面积。

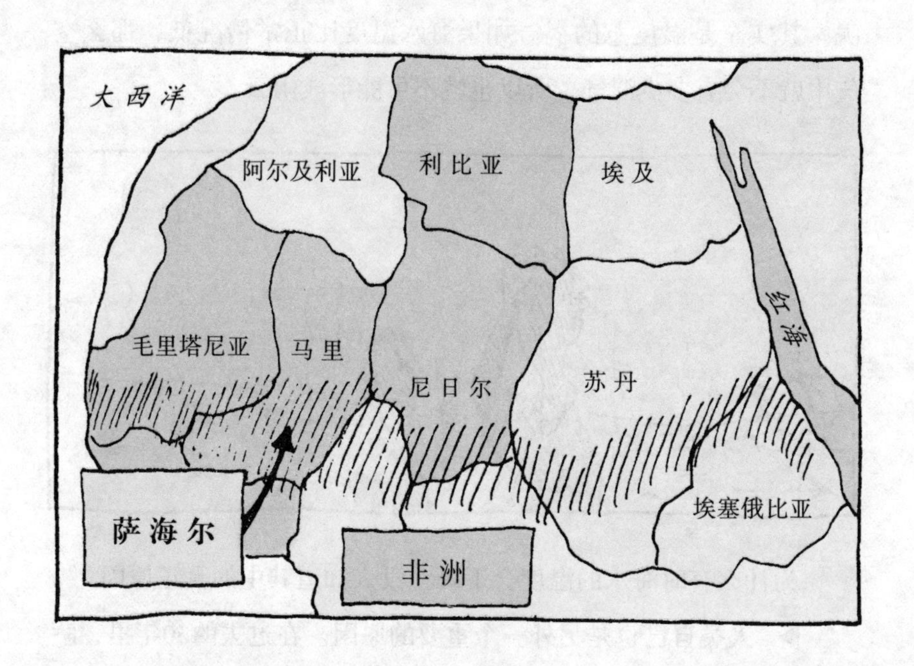

一年中有8个月的时间（10月至次年6月），萨海尔是完全干旱的，只是在6月到9月间才偶尔会有零星小雨。尽管雨水不多，但是在这段时间里，通常还是足够农民种庄稼和饲养牲畜的。不过，这一次情况则完全不同了，即使进入了所谓的雨季也滴水未见，从而引起了这场巨大的灾难。但这也不是第一次了，在20世纪的60年代和70年代都曾发生过这样的惨剧。

那么惨剧到底是怎样发生的呢？

▶ 简单地说，干旱意味着几个月甚至几年内缺雨，其实这在沙漠是再正常不过的事情。但如果干旱不期而至，而且比平时时间长，问题就不一样了，很可能会酿成灾害。

▶ 萨海尔在过去的40年里一直遭受着干旱的袭扰，那么是什么使得它如此干旱呢？一些地理学家把责任归咎于大西洋（位于萨海尔的最西端），但是怎么能够把责任完全推到海洋的身上呢？其实全是温度惹的祸。如果海水温度比正常情况低，那么空气中就不会有多少湿气，所以也就不可能形成雨云。

为什么有时海水的温度会下降？没人知道其中的真正原因。

▶ 人类自己也是另外一个重要的原因。在过去的50年里，萨海尔地区的人口急剧增长，这得感谢有几年时间雨水的充足。由于人口增长的需要，人们不得不更多、更快地生产粮食，从而给土地增加了更大压力，使它没有时间来休养生息。在过去，一般都是有15—20年的土地间歇期，而现在却只有5年。

▶ 事情并没有止于此，我们通常利用科技使生活变得更容易，但是在萨海尔反而变得更糟。新设备意味着人们可以挖掘更深的井，可以养活更多的牲畜，从而吃掉所有的植物。土地由此枯竭了，剩下的就不用说了。在萨海尔，能够活下来是一种非常复杂的平衡。

▶ 当土地变成沙尘并被风吹走以后会变成什么样子呢？结果当然是环境变得更加可怕和恶劣。

那么它怎么就能使降雨减少了呢？是这样的，大块厚重的尘团阻止了空气的流动，使它难以冷却并形成雨云。而且一旦由于干旱导致尘沙卷起，问题就会更加严重。真的很致命。

健康提示

现在不仅是沙漠正在日益干旱，咸海也面临着干枯的威胁。（咸海实际上不是真正的海，而是一个内陆盐湖，只是叫做海而已。明白吗？）干旱的咸海位于土库曼斯坦沙漠的中间，在过去的14 000年里，它主要依赖两条大河来往里灌水，而现在已经不行了。大多数的水都被抽走用于灌溉和饮用，咸海的面积日益缩小。1960—1990年仅30年间，咸海的面积就缩小了一半，现在就更小了。剩下的水里盐分越来越高，以至于鱼都不能生存。一度十分繁忙的渔港现在已经无人光顾，海岸离海水相距有几英里远。

沙漠情报

沙漠名称：土库曼斯坦沙漠

地理位置：中亚地区

沙漠面积：45万平方千米

沙漠温度：夏天最高可达49摄氏度，冬天最低可达零下42摄氏度

年降雨量：70—150毫米之间

沙漠类型：内陆沙漠

相关资料：

▶ 实际上由两块沙漠组成——卡拉库姆沙漠（黑沙）和基齐尔库姆沙漠；

▶ 到处散布着黏土碎片可以吸收水分，这意味着当地农民可以在沙漠中种植外来的水果如瓜类以及葡萄等；

▶ 90%的卡拉库姆沙漠被众多长达数百公里的灰色沙丘所分割；

▶ 3000万年以前，整个沙漠被咸海所覆盖。

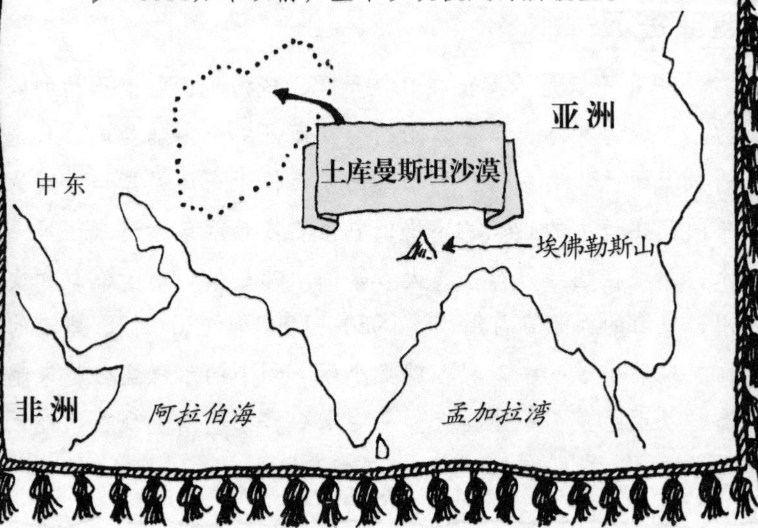

遏止沙漠蔓延

沙漠是非常敏感的，任何一个错误举动，都可能酿成大祸，而你事先可能一点都不知道。真的是世界末日了吗？沙漠真的不可征服了吗？用什么办法能够击退它们呢？现在有一个好消息就是，人们正想方设法阻止沙漠的蔓延，世界各地居住在沙漠的人们都在努力遏止沙漠的扩延。但这确实是一项复杂的工程，耗资巨大，而多数沙漠国家都是穷国，他们甚至没有足够的钱吃饱肚子，更甭提改造沙漠了。这实在是一个两难的选择。下面是一些国家曾经尝试做过的事情：

1. 植树。树根一般都深入土壤并能有效地防止水土流失，尽管草也能起同样的作用，但远不如树根的作用大。除此以外，树还能够作为防风屏障减弱风的影响。在过去的10年里，埃塞俄比亚人种植了5亿棵坚硬的桉树和刺槐，这是一个非常可观的数字。

2. 防止土壤流失的石头。在非洲，农民通常在田里垒上石头，以防止水土流失。尽管很简单，但却非常实用。几年之内，农民们就可以把他们的粮食产量翻番，并储存起来，以备干旱时用。

3. 当地农民还有另外一种古老的方法，让沙漠转变成绿地。你自己为什么不试试呢？

需要准备的东西：

- 一些牛粪
- 一把铁锹
- 一些草籽
- 晒衣夹

你该如何做：

1）在地上挖一个半圆形的洞。（这样工作起来可能更方便一些，但也别太挑剔。）

2）然后用牛粪填满。

3）把种子撒在牛粪上。

4）等上几个月（你会很快就习惯这种味道的）。

你将看到的结果：

水汽凝结在可爱的、温暖的牛粪上，促使草籽发芽。很快沙子就被郁郁葱葱的绿草所覆盖，顺便说一句，这也是很好的牛饲料（然后再等几个小时）。别忘了把晒衣夹拿走。

4. 草席固沙。在戈壁沙漠，人们通常把草席蒙在沙丘上，以阻止其蔓延，就像棋盘上的方棋格。这种方法减弱了风速，使其无力移动沙丘。

5. 以油治沙。在沙特阿拉伯，不断移动的沙丘不仅掩埋了农田和村庄，而且还堵塞了致命的石油管道。怎样解决这个问题呢？沙特人采取了以油治沙的办法，即向沙丘上喷洒石油，把沙子“锁”住，使其不能自由移动，这种做法既快成本又低。听起来不错吧？但这样做也有一个问题，石油在“锁”住沙子的同时把珍贵的树木和植物也一并杀死了，而这些都是人类必需的。难道就没有什么特殊的、杀不死的植物吗？请接着往下看……

你肯定不知道！

如果真的树不行，那么不妨种一些塑料棕榈树。是的，我说的是塑料的。它们看上去就跟真的一样，但却不需要浇水，这是个好消息吧？可是你能拿这些塑料植物去击退沙漠的蔓延吗？理论上说，这些树可以利用它的叶子和茎干在夜间收集水分，然后在白天缓释出来，如此几年，势必使沙漠的气候有所变化从而形成雨云。这样真的行吗？目前还尚未有人知晓。

未来是沙子的世界吗

沙漠是真的在蔓延吗？抑或是脑子里的幻觉？听听专家们是怎么说的吧，不过，别指望答案会又快又简单，就连地理学家们的意见都从来没有一致过。以下面两人为例，他们对沙子的认识实际上也是糊里糊涂的，就看你怎么判断了。

沙漠确实是在慢慢地变大，而且会越来越糟糕。撒哈拉沙漠一年之内已经向前整整延伸了6千米，按照这个速度，它将越过地中海而进入西班牙、希腊以及意大利。在你还没明白怎么回事儿的时候，沙丘就已经堆到你的家门口了……幸亏我出来了！
我真受不了这些专家！

简直是一派胡言。沙漠根本就不会蔓延，它远比你想象的要稳定得多。沙漠干旱是无可争议的事实，但只要一下雨，情况就会迅速地好转。你等着瞧吧。不管是种树还是其他的什么，对沙漠来说都是好事情，沙漠将会因此而变成绿色屏障。而且，几千年来沙漠随着气候的变化不停地移来移去，但始终没有太大的变化。
那是什么？
沙漠上的热空气更多了。

明白我的意思了吗？没指望了吧？还没完呢，另外一些专家声称，撒哈拉沙漠不仅一点也没有蔓延，实际上还缩小了呢！据说他们有照片（卫星照片）为证。

注意到了吧，它在照片上多么的小。

怎么样，感到困惑吗？这些足以把你的脑子搅乱了。但这就是地理，没有经过任何加工的地理。你永远不会知道下一个拐角处有什么，更甭说是沙漠了，这就是为什么沙漠如此奇妙和令人兴奋的原因。

“经典科学”系列（26册）

肚子里的恶心事儿
丑陋的虫子
显微镜下的怪物
动物惊奇
植物的咒语
臭屁的大脑
神奇的肢体碎片
身体使用手册
杀人疾病全记录
进化之谜
时间揭秘
触电惊魂
力的惊险故事
声音的魔力
神秘莫测的光
能量怪物
化学也疯狂
受苦受难的科学家
改变世界的科学实验
魔鬼头脑训练营
“末日”来临
鏖战飞行
目瞪口呆话发明
动物的狩猎绝招
恐怖的实验
致命毒药

“经典数学”系列（12册）

要命的数学
特别要命的数学
绝望的分数
你真的会＋－×÷吗
数字——破解万物的钥匙
逃不出的怪圈——圆和其他图形
寻找你的幸运星——概率的秘密
测来测去——长度、面积和体积
数学头脑训练营
玩转几何
代数任我行
超级公式

“科学新知”系列（17册）

破案术大全
墓室里的秘密
密码全攻略
外星人的疯狂旅行
魔术全揭秘
超级建筑
超能电脑
电影特技魔法秀
街上流行机器人
美妙的电影
我为音乐狂
巧克力秘闻
神奇的互联网
太空旅行记
消逝的恐龙
艺术家的魔法秀
不为人知的奥运故事

“自然探秘”系列（12册）

惊险南北极
地震了！快跑！
发威的火山
愤怒的河流
绝顶探险
杀人风暴
死亡沙漠
无情的海洋
雨林深处
勇敢者大冒险
鬼怪之湖
荒野之岛

“体验课堂”系列（4册）

体验丛林
体验沙漠
体验鲨鱼
体验宇宙

“中国特辑”系列（1册）

谁来拯救地球